Kaoru Takeda

Maniac Lesson

狂熱糕點師的洋菓子研究室

竹田薰◎著

瑞昇文化

前言 prologue

初次見面，
謝謝各位翻閱此書，
我的名字叫竹田薰。
每天製作糕點時，看著世界各地的食譜，我不禁都會思考，
「為何會用這個材料？」「為何是這樣的使用量？」「為何是這樣的步驟？」
並在日常生活中研究這些疑問。

這本書，集結了不斷研究後獲得的所有驗證結果。

我常會使用「解讀食譜」、「閱讀食譜的字裡行間」這類表現用語。
指的是讀懂寫食譜之人的想法。
上述的「為何？」則是指自己對事物的解釋方式。
學會了解讀技巧後，一旦遇到無相同材料的情況時，
便能提出替代方案，甚至在作法上加入調整變化。

舉例來說，若出現「製作的糕點須使用 5g 的轉化糖，但家中無轉化糖」的情況，
那我們可以怎麼處理呢？「添加轉化糖是為了讓麵團紮實」
掌握了材料的用處後，即便沒有轉化糖，
只要不在意香氣或味道，蜂蜜亦是選項之一。
像這樣了解了食譜的材料與作法理論，
將能確實降低製作糕點的難度。

此外，有些人不喜歡太甜或在意卡路里，因此隨意減少砂糖用量，
但如此一來將難以做成糕點。只要了解其中的理由後，
便有機會做出符合自我需求的成品。

只要了解其中道理，
自己便能依需求做出口感膨鬆或紮實的糕點。
本書更寫有許多能為各位在製作糕點上帶來幫助的驗證。

不喜歡做糕點的人或許是因為害怕失敗，
或是討厭無法掌握失敗的原因。任誰都不想失敗，但總是事與願違。
當然，我也非常不喜歡浪費材料。

但我同時也認為，從失敗中能學到非常多的事物。

透過思考失敗的原因，並從中學習，
讀懂食譜的字裡行間，就能讓製作糕點變得更愉快。
在可執行的理論範圍內，嘗試改變麵粉種類、改變打發程度、調整砂糖用量，
隨自己的想法做變化。就算遇到關卡時，也能找出補救的辦法。

心想著要更開心、更自由地製作糕點，於是撰寫了此書。
為了「雖然會做，但想調整得更符合自我風格」、
「想知道失敗的理由或原因」、
「雖然有在做，但總是無法做更好」的讀者，
從各個角度進行全方位驗證。

當各位了解了糕點狂熱分子的世界後，製作糕點時的種類與質量會出現大幅的變化。
希望讀者們能一探糕點狂熱分子的世界。

竹田薰

contents

Lesson 06

派（法式蛋塔）

Lesson 07

泡芙

Lesson 08

蘭姆葡萄夾心餅乾

Lesson 09

咖啡達克瓦茲

※ **書中基本原則**

- 書中標示有瓦斯烤箱的加熱溫度與加熱時間。
- 加熱溫度、加熱時間與出爐的成品會因機型不同有所差異，請依書中時間搭配使用的烤箱機型做調整。
- 需使用到烤箱時，請務必在烘烤前充分預熱至加熱溫度。
- 書中使用的微波爐規格為 500W。

關於材料

製作糕點的基本必須從挑選材料說起。
愈是簡單的東西，成品愈會反映出素材本身的味道。
想要做出美味糕點，就要挑選符合需求的材料。

[麵粉]

依照希望做出的糕點成品，挑選低筋麵粉或中高筋麵粉。基本上，糕點較常使用低筋麵粉，但書中也有提到一些使用中高筋麵粉來增加糕點風味及強度的糕點（詳細內容參照 P8）。

[雞蛋]

在所有材料中，雞蛋也是能讓味道直接產生差異相當關鍵的要素。雞飼料的味道甚至會對奶油蛋糕等配方簡單的糕點帶來影響。由於雞蛋本身有大小差異，因此書中將顆數改以公克數記載。

[奶油]

書中所有食譜皆使用無鹽奶油。選用無鹽奶油的話，便能依自己喜好添加鹽量。會選用發酵奶油則是為了讓人品嚐到其特有的風味（詳細內容參照 P10）。

[砂糖]

若想烤出的糕點質感紮實且帶明顯顏色，那麼建議使用上白糖。本書會依照不同種類的糕點搭配用糖。砂糖的部分則請使用微粒子精製白糖。書中也有針對不同砂糖進行驗證，各位不妨參考相關介紹（詳細內容參照 P9）。

[鮮乳]

書中使用的鮮乳乳脂含量達 3.6% 以上，各位在挑選時須尋找寫有「成分無調整」的產品。若使用加工牛奶將會改變糕點成品的味道。

[鮮奶油]

本書使用乳脂含量約為 36% 的動物性鮮奶油。草莓鮮奶油蛋糕所使用的鮮奶油配方也是依照此含量調整而成。乳脂含量為 45% 的鮮奶油雖然比 36% 更好打發，但相對來說也非常容易分離，須特別留意。確保低溫對鮮奶油相當重要，因此外出採購時別忘了準備保冷袋。

TOMIZ（富澤商店）推薦商品

紫羅蘭（日清製粉）：最具代表性的低筋麵粉。成品特徵為鬆脆的輕盈口感，兼具高尚的風味及相對較澄澈的色澤，非常適合用來製作想充分呈現素材特色的糕點。

特寶笠（增田製粉）：此款麵粉刻意減少麩質含量，能包覆打發的氣泡使其不易受破壞，糕點成品質地溼潤兼具柔軟口感。

法國粉（鳥越製粉）：日本開發的專業法國麵包專用粉，同樣被大量使用在糕點製作上。特徵在於保留小麥既有的風味及香氣，顏色偏白，膨發分量十足。

微粒子精製白糖：粒子細小的砂糖，能與麵團均勻混合，相當適合用來製作糕點。與奶油或蛋白同樣能均勻混合，讓糕點口感滑順。

去皮杏仁粉：以美國加州產杏仁加工製成的粉末，為百分之百純天然的杏仁粉，使用前若稍微烘烤，將讓香氣倍增。

蔗糖（Cassonade）：以百分之百甘蔗製成的法國產棕色砂糖，屬未精製過的粗糖。風味十足的特徵讓糕點成品帶濃郁表現。

關於麵粉

製作糕點必備的麵粉可分為數種種類。這裡將介紹每款麵粉的特徵，讓各位能依用途選用。

◆ 麵粉性質

麵粉具備加水後就會變成帶彈性及黏性麵團的性質。這是因為麵粉中含有「麥穀蛋白」（Glutenin）與「醇溶蛋白」（Gliadin）兩種蛋白質，與水結合後會轉變成名為「麩質」（Gluten）的物質。

「麩質」結構極具彈性，就像是由多條堅固彈簧連結而成的「彈簧束」，將麥穀蛋白加水揉捏後，會使麵團變得非常有彈力。

另一方面，「醇溶蛋白」狀似圓球，加水揉捏後會相互拉扯伸展，呈現帶韌性的流動狀態。

在同時存在「麥穀蛋白」與「醇溶蛋白」的條件下加水揉捏，球狀的醇溶蛋白會進入麥穀蛋白的彈簧之間，使麥穀蛋白變滑潤，這時整個麵團就會讓人感覺充滿伸展性。「麩質」的特性便是同時擁有適量「彈性」與「黏性」，更是形成麵團的「骨骼」。

蛋白質含量少，麩質含量就愈少，如此一來將影響彈性與黏性，使骨骼結構變弱。然而，若蛋白質含量愈多，麩質含量就愈多，這同樣會影響到彈性與黏性表現，使骨骼結構變強。

無論使用哪種麵粉都會大大影響麵團的狀態及風味，依照糕點種類選用不同麵粉，將能讓製作的品項更為多元。

主要的麵粉種類	蛋白質含量（%）	粒徑大小	麩質特性
低筋麵粉	7.0～8.5	細	弱
中筋麵粉	8.5～10.5	偏細	偏弱
中高筋麵粉	10.5～11.5	偏粗	偏強
高筋麵粉	11.5～13.5	粗	強

※為了從業者的既有產品中挑選麵粉，書中將蛋白質含量為12%的「法國粉」做為中高筋麵粉使用。

關於砂糖

砂糖同樣是製作糕點不可或缺的存在。
依照味道及性質表現特徵挑選砂糖，將能做出更多種類的糕點。

◆ 何謂砂糖

砂糖是以甘蔗或甜菜製成，經過收割、壓榨（取得「透明糖液」）→清淨・過濾→濃縮→結晶→分離→乾燥步驟後，成為砂糖。接著更可繼續加工成方糖或糖粉，另外還有以甘蔗汁熬煮製成的黑糖及從樹汁萃取而成的糖類。

砂糖除了帶有甜味外，經烘烤後還會變色（梅納反應），並擁有吸引水的特性（保水力）。不僅如此，砂糖更能奪取食品所含的水分（脫水力），讓食材不易損壞，提高保存性。砂糖會融化於麵團氣泡四周的水，透過增加黏度的方式讓氣泡處於穩定狀態。

砂糖種類	特徵
上白糖	在製糖過程中，使用最高純度的「透明糖液」第一、二道製成的糖。甜味濃郁，能讓成品溼潤。
細砂糖	細結晶狀的精製糖，顆粒乾爽。但也因顆粒較大，因此較不易融解。
微粒子精製白糖	顆粒比細砂糖小，因此容易融解，使用上較為方便。書中使用的砂糖皆為微粒子精製白糖。
糖粉	將細砂糖磨成粉狀的砂糖。糖粉亦可細分多種種類，如純糖粉、含寡糖糖粉等。含寡糖及含有水飴粉末的糖粉具備不易結塊的特性。除了製作糕點使用的糖粉外，還有裝飾用糖粉等，這時會將糖粉添加油脂，避免糖粉滲入糕點內。有些產品為了避免結塊會添加玉米粉，但考量玉米粉可能會對麵團產生影響，因此書中並未使用。
蔗糖	以百分之百甘蔗製成的法國產棕色砂糖，屬未精製過的乾爽粗糖。風味十足的特徵能讓糕點成品帶濃郁表現。
楓糖	熬煮楓樹汁液製成楓糖漿後，再排除水分製成粉狀砂糖。特徵在於清新甜味中帶有楓樹香氣。

關於奶油

書中介紹的糕點關鍵終究還是奶油。
敬請各位挑選自己喜愛的奶油，享受其中口感及風味。

鮮乳中所含的乳脂肪經過遠心分離、濃縮工序後，會變成奶油原料的鮮奶油。將鮮奶油急速冷卻、劇烈攪拌（攪乳），會釋出脂肪細粒。當細粒聚集到一定程度，便將水分分離並開始揉捏，藉此調整含水量。接著塑型完成或添加鹽後，即可完成奶油。根據日本厚生勞動省乳等省令規範，奶油的定義為「將鮮乳、牛乳、特別牛乳中的脂肪成分聚集成塊」。

◆ 何謂發酵奶油

發酵奶油可分為將奶油原料的鮮奶油添加乳酸菌發酵而成，及攪乳後再添加乳酸菌兩種類型。奶油經發酵後，會散發獨特的芳醇香氣。與未發酵奶油相比，所有發酵奶油的保存性皆較差。

發酵奶油的使用在糕點重鎮—歐洲可說非常普遍，其特徵在於豐富的風味及濃郁表現，種類亦相當多元。不同產地的風味更是迥異，舉例來說，若是飼養在靠海地區的牛隻，製作出來的奶油就會帶有海藻氣味。

在歐洲地區，只要奶油商品上有 A.O.P.※ 認證標誌，就表示在原產地的生產過程中完全通過各項嚴格基準。另一方面，手工奶油則多半謹守古老工法製成，無論是香氣或味道皆獨樹一格，兩種奶油各有優勢，因此只能依照糕點的成品風味設定來挑選適合的奶油。

日本的國產奶油也會因業者不同，使風味有所差異。有的帶著沉穩的發酵香氣，另也有表現強烈的產品，種類相當多元。

◆ 關於本書使用的奶油

書中食譜使用的奶油，為發酵香氣相當具特色，明治乳業推出的發酵奶油。近幾年，日本國產奶油中，也會看見冠上產地名稱的商品。各位只須依照自己的喜好或思考糕點成品風味來挑選奶油。

◆ 保存方法

奶油不僅容易吸收氣味，更是相當容易變質的食品，因此務必密封遮光保存，避免受其他氣味影響，並建議盡快使用完畢。存放於冷凍則建議完全密封杜絕與空氣接觸。

※A.O.P：Appellation d'Origine Protégée（原產地命名保護制度）

已乳化

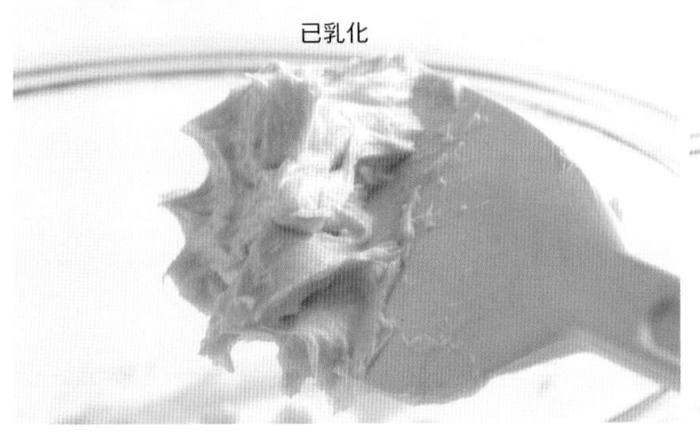

已分離

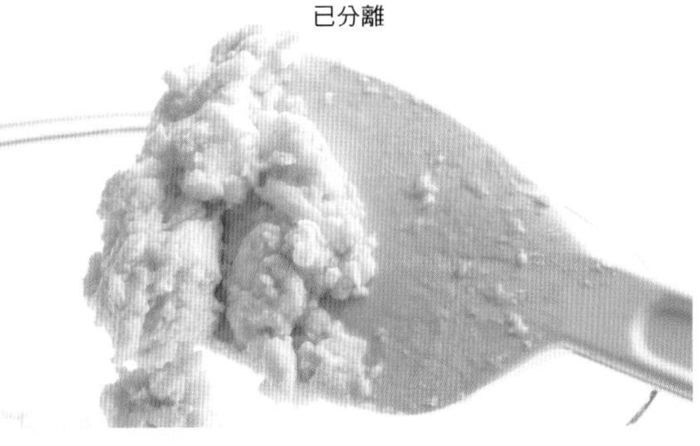

烤到膨起並漂亮裂開，充滿溼潤感

表面出油，感覺有點塌陷

關於乳化

製作糕點時會常接觸「乳化」二字。
這裡將重新與各位解說何謂乳化及其重點。

◆ 所謂的乳化…

是指透過含有「卵磷脂」成分的蛋黃等扮演乳化劑的角色，讓原本不相容的水及油混合在一起。乳化劑能將液體的一端變成細小粒狀，分散於液體的另一端，使其乳化。乳化劑最主要的成分為蛋黃中所含的卵磷脂。

形成麵糊骨骼的麩質（參照 P8）吸收了卵磷脂後，會增加麩質彼此或麩質與其他成分的潤滑度，讓整體結構變得柔順。如費南雪、奶油蛋糕、蘭姆葡萄夾心餅乾等，麵糊的乳化狀態都會深深影響糕點製作能否成功。

當奶油含量較多的麵糊無法順利乳化時，就會讓成品變得油膩，並失去原本應有的美味。然而，有時配方中的水分較多，或是為了追求理想的口感，有些麵糊其實並未乳化。換言之，並非所有糕點的麵糊都必須經過充分乳化。

◆ 乳化重點❶ ［溫度］

製作奶油蛋糕或蘭姆葡萄夾心餅乾時，麵糊乳化過程中若雞蛋太冰或奶油溫度過低，都無法順利進行乳化。製作費南雪時，為了讓蛋白（水分）與奶油（油脂）順利連結，溫度必須為 80℃左右。

◆ 乳化重點❷ ［攪拌方式］

進行奶油蛋糕或蘭姆葡萄夾心餅乾的麵糊乳化時，攪拌方式相當重要。攪拌時，須將攪拌盆斜放，並以橡皮刮刀攪拌麵糊，避免麵糊在攪拌盆中隨意滑動。由於剛開始非常好攪拌混合，因此會不自覺地增加用量，但若未充分確認乳化狀態，不斷攪拌的話，到最後將會嚴重分離。將攪拌盆斜放較容易感受到乳化時的手感。乳化的麵糊會變緊實，阻力相對變大，因此攪拌時務必確認乳化狀態。絲毫不考慮乳化過程的手感就繼續添加材料，將會使情況變得與一口氣加入材料相同。另一方面，若因擔心分離，使逐次添加量過少時，即便是以橡皮刮刀攪拌也會讓空氣拌入麵糊中，導致麵糊過度膨脹（參照 P52 ～ 53 驗證①）。

column 1

關於烤箱

製作糕點還必須準備烤箱。
由於每款烤箱的差異甚大，因此如何掌握需求特徵便很重要。
就讓我向各位解說我目前使用的（瓦斯加熱）旋風式烤箱。

首先要說說旋風式烤箱，它的設計不同於透過內部上下加熱器放射熱能烘烤的電氣烤箱。旋風式烤箱內建風扇，能形成柔和的對流熱風，藉此加熱食材。這也使得旋風式烤箱內部能維持一定溫度，減少烘烤不均的情況。我家的林內牌（Rinnai）旋風式烤箱每天使用，時間已有 15 ～ 16 年。

擺放的位置也有學問

部分烤箱設計有上層、中層、下層，能選擇烤盤的擺放高度。我家的烤箱共有五層，但較常使用的是中間及下層。中間層的受熱適中，能確實烘烤。若不想烤出來的顏色太深，則會放置於下層。上層擺放烤盤則能提升熱對流。

掌握自家烤箱的特性

各位是否曾遇過按照食譜製作，烘烤出來的糕點成品卻和照片天差地遠，或是烤不均勻？這是因為烤箱差異而造成。即便是同機型的烤箱，使用頻率及使用年份也會使烤出來的成品出現差異。因此充分掌握自家烤箱的狀態，將是成功烘烤出糕點的關鍵。購買烤箱後，不妨將烤盤整個鋪滿麵團並送入烘烤，確認出爐的成品是否會邊緣顏色較深、中間較淡，掌握烘烤均勻度，藉此調整麵團擺放於烤盤的位置。此外，為了讓加熱均勻，過程中將烤盤轉 180° 後再繼續烘烤亦是很重要的步驟。

Lesson 01

厚燒奶油酥餅

Sablés

厚燒奶油酥餅

Sablés

烘烤成厚片，享受大口咬下時的口感，
奶油愛好者，為了喜歡奶油之人所做的奶油酥餅。
由於配方中未添加雞蛋，因此只能靠奶油的水分讓麵團成型。
如此一來能將粉的用量減到最少，
充分感受到奶油風味。
使用冰冷奶油，則能讓酥餅邊緣的形狀更立挺。

材料

直徑 45 ㎜ × 厚 15 ㎜ 約 10 片份

發酵奶油	100g
杏仁粉	30g
中高筋麵粉（法國粉）	100g
糖粉（含寡糖）	40g
香草莢	適量
細冰糖	適量

事前準備

將奶油切成 1 ㎝塊狀，放上剝開香草莢後取出的香草籽，放入冰箱冷藏（不可冰到硬梆梆，這樣混合材料所耗費的時間會過長，料理機產生的熱還會使奶油軟化）

混合杏仁粉、中高筋麵粉、糖粉，放入冰箱冷凍 1 小時左右。

[混合材料]

❶

除了細冰糖外，將其他材料放入食物處理機中攪拌。

❷

變成大塊狀後即可停止攪拌。

[塑型]

❸

取出放在 Guitar Sheet 塑膠片上（保鮮膜亦可）。

point Guitar Sheet 是材質較厚的巧克力專用塑膠片，麵團表面較不易產生皺褶，可於烘焙材料行或網路購買。

❹

迅速捏成塊，隔著塑膠片包裹並塑型成寬超過 45 ㎜以上的長方形。

point 過度觸摸將可能使奶油變軟，導致麵團無法維持形狀。

5

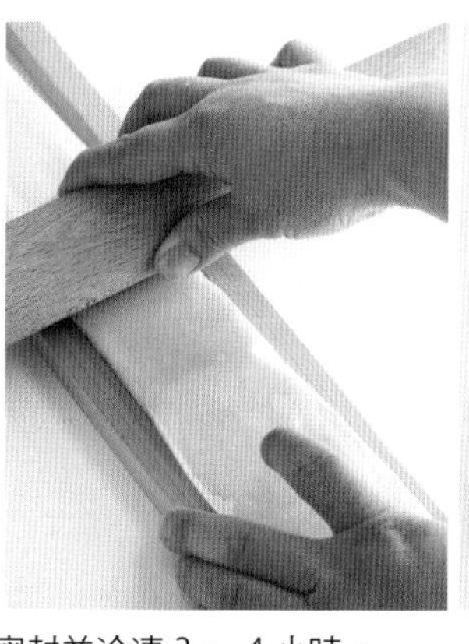
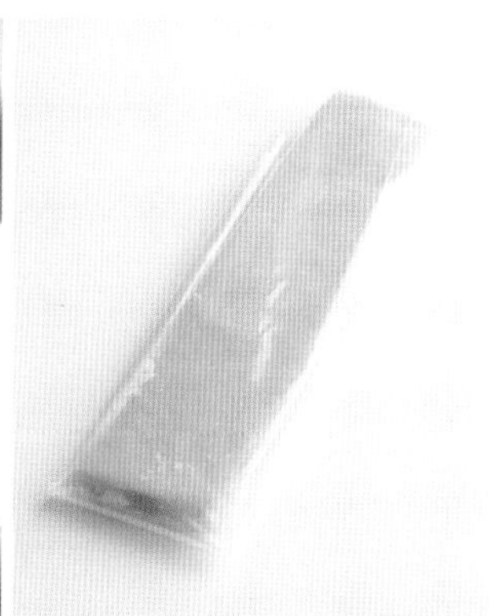

以擀麵棍擀成 15 ㎜厚，確實密封並冷凍 3 ～ 4 小時。

point 實際擺放壓模，確認寬度達 45 ㎜以上。

※ 烘烤前，確實將麵團以保鮮膜包裹，將能冷凍存放 2 週左右。使用時只須像步驟❻壓模成型即可。

[壓模成型]

6

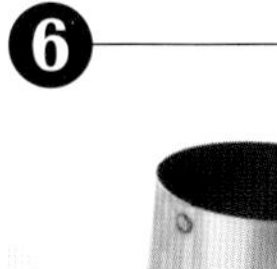

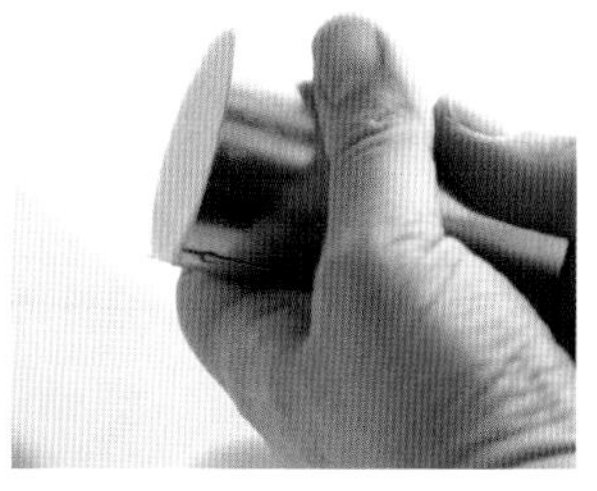

壓成直徑45 ㎜的圓形。剩餘的麵團再次捏塊並壓模成型。

point 盡可能在結凍狀態壓模，並維持冰冷狀態進烤箱烘烤（參照 P20 ～ 21 驗證②）。

point 再次捏塊較容易變軟，須特別注意。

7

將側面沾裹細冰糖。

point 壓模後再沾糖將能減少細冰糖用量。

[烘烤]

8

放入 160℃的烤箱烘烤 12 分鐘，烤盤轉 180° 後再烘烤 8 分鐘左右。

point 使用矽膠烤墊（參照 P28）較能避免麵團拓開變形。

※ 放入乾燥劑密封保存將能存放於常溫 3 天左右。

驗證①

Vérification No.1

使用冰冷奶油與軟化奶油會有何差異？

酥餅的高度及酥脆感不同

在製作擠花餅乾時會發現，使用完全軟化的奶油以及稍帶冷度的軟化奶油所做出的成品形狀會有所差異。基於此差異，我試著在一開始就改變奶油的狀態並進行比較。

使用完全軟化的奶油時，我遵照基本作法（P14～17），於奶油中依序加入糖粉及其他粉料。

從開始製作到進烤箱前，皆維持奶油冰冷狀態所製成的麵團經烘烤後，形狀仍維持不變，且帶有濃郁的奶油香氣。

一旦奶油軟化，即便事後重新冷凍，仍較難維持形狀，因此烤出來的成品會稍微變大。

上述兩種作法並無所謂的對或錯，各位只須思考希望烤出來的成品是怎樣的狀態，來決定作法即可。

順帶一提，若配方中添加雞蛋時，必須使用完全軟化的奶油才能達到乳化效果。

依照基本作法（P14～17），
用冰冷奶油製作的成品

使用軟化奶油製作的成品

驗證②

Vérification No.2

烘烤前將麵團放置冰箱冷藏與常溫麵團的成品差異？

邊緣的形狀與奶油風味稍有改變，且帶點油脂感

作法統一如下。

❶ 於完全軟化的奶油中加入糖粉及其他粉料混合。

❷ 置於冰箱冷藏後，取出並壓模成型。

接著比較烘烤前才從冰箱取出的麵團，以及在常溫狀態下進烤箱烘烤的麵團。

當開始烘烤時的麵團溫度不同，奶油融出的時間點也會不同，使成品形狀出現差異。

冰冷麵團的奶油需要較長時間才會融出，因此出爐的成品高度稍微較高，且充滿濃郁的奶油風味。

常溫狀態下的麵團進烤箱烘烤後，奶油會立刻融出，使成品形狀稍微拓開。奶油香氣表現稍微較弱外，更帶點油脂感。

烘烤前曾放置冰箱冷藏的麵團

常溫狀態直接烘烤的麵團

驗證③

Vérification No.3

試著增加麵粉用量？

烘烤出來的成品高度較高，邊緣也較立挺

我依照基本作法（P14～17），並嘗試將中高筋麵粉用量增加 20g。

根據 P18～19 驗證①的結果，得知奶油完全軟化後做成的酥餅較不易維持應有形狀。這麼說來，若增加扮演「骨骼」角色的麵粉用量（參照 P8），照理來說應該更能維持形狀，因此我決定進行驗證。

由於材料中的含水量及粉料比例變動，使形狀更容易維持，因此得到麵團向上變挺增高的結果。由於基本配方中添加有杏仁粉，因此就算增加 20g 的中高筋麵粉也不會使麵團變硬。

然而，增加麵粉用量後，口感上相對也會變得稍微紮實，在品嚐成品時，會先嘗到粉的味道。
由於口感表現非常密實，各位可依自己喜好選擇材料配方。

順帶一提，一般添加有雞蛋的餅乾會使用更多的粉量，這樣才能維持住形狀。

依照基本作法（P14～17），
取 100g 麵粉製作的成品

取 120g 麵粉製成的成品

驗證④

Vérification No.4

維持相同配方比例，
不同種類的麵粉會有何差異？

「法國粉」偏密實、
「紫羅蘭」偏輕盈

麵粉，就像是支撐著麵團的「骨骼」。這股支撐力取決於麵粉中的蛋白質含量與質地（參照 P8）。將麵粉試想成骨骼後，我著手比較當糕點材料中標記的蛋白質含量不同時，做出來的成品是否會有差異。

統一以基本作法（P14～17）製作。

「法國粉」的蛋白質含量為 12%，屬中高筋麵粉。因此烤出來的成品不會太過輕盈，能品嚐到紮實的粉味。

「紫羅蘭」的蛋白質含量為 7.8%，屬低筋麵粉。品嚐起來輕盈酥脆，更帶有入口即化的鬆軟口感。從照片中還可看出成品整整大了一圈。

只要掌握各種麵粉的特性，就算同是奶油酥餅也能呈現多種變化。這些選項並無所謂的對或錯，各位在製作過程中，只須思考希望烤出怎樣的成品，來決定作法即可。

依照基本作法（P14～17），
以中高筋麵粉（法國粉）製作的成品

以低筋麵粉（紫羅蘭）製作的成品

驗證⑤

Vérification No.5

打發奶油做做看？

烤出來的成品酥脆輕盈，奶油風味變得輕飄柔和

作法統一如下。

❶ 將奶油置於常溫放軟。

❷ 一次加入所有糖粉，以手持式打蛋器充分打入空氣，將奶油打發至帶點白色。

❸ 加入所有粉料，混合為一。

以下則統一以（P14～17）的基本作法製作。

奶油打發後能充分包覆空氣，讓烤出來的成品酥脆輕盈。
與依照基本作法（P14～17）做出的酥餅相比，口感更輕，奶油的風味則變得柔和。

基本作法（P14～17）並未打發奶油，因此會直接感受到奶油風味。
既然都選用發酵奶油為材料，各位不妨以最能呈現香氣的方法來製作看看。

依照基本作法（P14～17），
以食物料理機攪拌製作的成品
打發奶油後製作的成品

column 2

關於我的愛用品

這些都是我每天製作糕點時不可或缺的愛用品。
下面將介紹攪拌機與烘焙墊。
各位可在網路或烘焙材料行購得。

KitchenAid 的桌上型攪拌機

由美國 KitchenAid 公司推出，擁有壓倒性人氣的商用多功能攪拌機，可說是廚房必備品。桌上型攪拌機能固定攪拌盆，各位無須施力動手，即可選擇「攪拌」、「揉捏」、「打發」自動模式。由於攪拌葉片在設計上可均勻作動，因此能充分混合材料。另還提供多款配件，可依用途挑選使用，找出符合自己需求的攪拌法。

MATFER 矽膠烤墊

MATFER 是 1814 年成立於法國的烘焙烹調器具業者，圖片為該公司銷售的烘焙用矽膠烤墊。

由於烤墊加工成網目狀，讓多餘的油脂或水蒸氣能夠排出，使烤色均勻，烤出來的底部平坦，不會有凹凸不平的情況。矽膠烤墊與烘焙料理紙不同，能夠重複使用的優勢可是相當加分。

Lesson 02

費南雪

Financièrs

費南雪

Financièrs

能品嚐到焦化奶油的豐富香氣及濃郁深度。
或許有人覺得不可思議，明明是費南雪，怎麼會用瑪德蓮烤模。
一般的費南雪雖然會用磚塊狀的烤模，
但為了享受中間的柔軟滋味及表面剛出爐時的酥脆所形成的對比，
因此選用瑪德蓮烤模，刻意增加費南雪的厚度。
只有製作糕點本人，才擁有品嚐那香脆口感的特權。

材料

瑪德蓮烤模（8連）／每顆 30～31g

蛋白	80g
上白糖	70g
杏仁粉	25g
中高筋麵粉（法國粉）	30g
泡打粉	1.5g
發酵奶油	70g
香草精	適量

point 上白糖內含轉化糖，能增加溼潤感。轉化糖則是以葡萄糖及果糖混製而成，烘烤後容易上色，且具備容易焦糖化的特性。此外，果糖擁有極高保水性，且具備強烈的濃郁甜味。

事前準備

混合杏仁粉、中高筋麵粉、泡打粉並過篩備用。

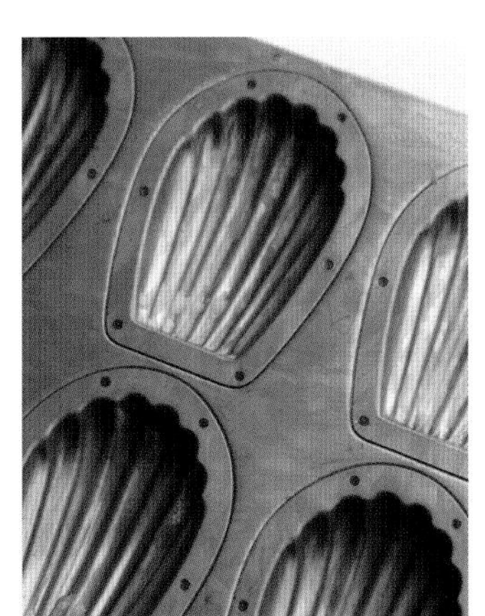

於模型塗抹奶油（分量外），並放入冰箱冷藏備用。

point 將模型放入冰箱冷藏，是為了讓模型與麵糊間形成油膜。

[混合材料]

❶

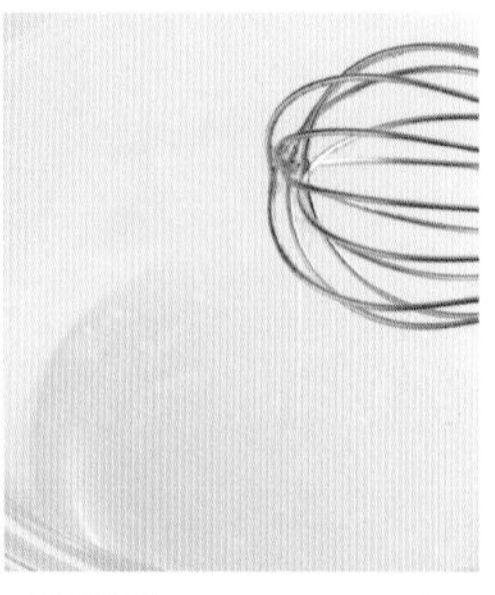

先將上白糖加入蛋白中，並以打蛋器混合，須注意上白糖融解的過程中不可產生泡沫。

point 上白糖中的轉化糖能讓攪拌後的成品帶溼潤感。

❷

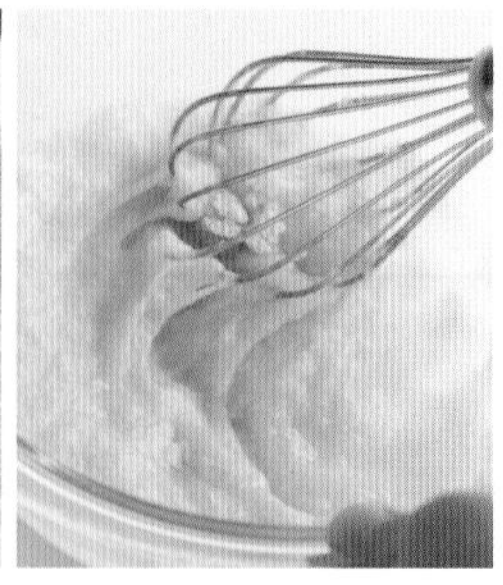

將混合好的粉料再次過篩並加入，就像寫字一樣，用打蛋器不斷畫出日文「の」字，且愈畫愈大，將材料分散混合。

point 粉料加入液體時容易結塊，因此從內往外攪拌，能慢慢地刮下附著在攪拌盆周圍的粉，讓混合作業更有效率。

[製作焦化奶油]

❸

將奶油放入鍋中，以中～大火加熱，並用小支打蛋器不斷攪拌，直到奶油變成琥珀色。

point 加熱至變焦的過程中，以打蛋器攪拌混合能避免奶油黏著在鍋底。此外，奶油中的水分也會更容易蒸發，減少噴濺情況。

❹

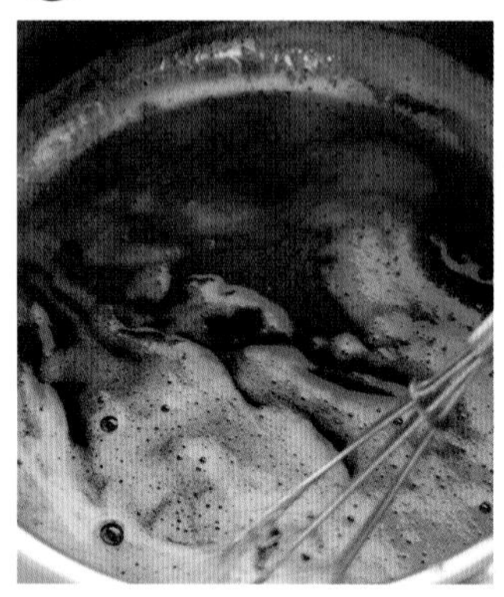

確實加熱出顏色後，將奶油放冷，避免溫度過高。

point 各位可以自行判斷顏色，但基本上必須是像「榛果奶油」（Beurre noisette）的顏色（參照P34～35驗證①）。

point 氣泡將會愈變愈細。

[混合 2 與 4]

❺

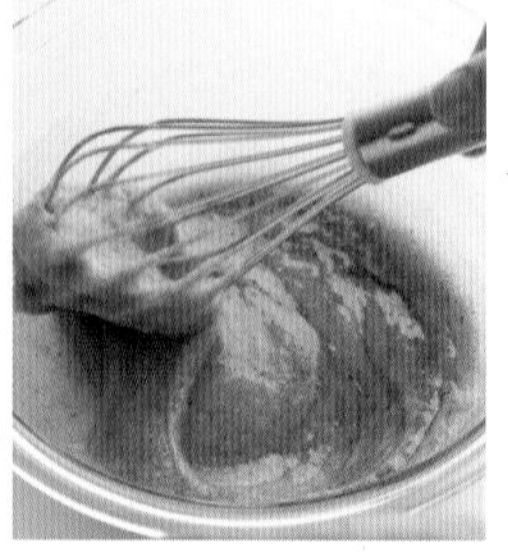

稍微將❹放冷後，便可加入❷中，並充分混合。

point 溫度降太低反而不易乳化，因此只要奶油不會高溫到讓粉料發出「唧」的加熱聲即可，建議溫度為80℃。

[靜置麵糊]

❻

滴入香草精，以保鮮膜覆蓋並靜置半天～一晚。

point 可分成靜置後再烘焙的麵糊及混合後立刻進爐的麵糊（參照P40～41驗證④）。當麵糊的靜置時間太短，較容易出現無法貼合烤模的情況。

[倒入烤模]

7

將靜置過的麵糊均勻混合後，倒入放在磅秤上的烤模。

point 每顆的重量約為30g，邊秤邊倒會讓大小更一致。

[烘烤]

8

放入 160℃的烤箱烘烤12 ～ 15 分鐘。

※ 各位可於前一天先做好麵糊放入冰箱冷藏，並於隔天再取出烘烤。但放置天數過長會使麵糊變質，因此務必在隔天烘烤。

※ 將出爐後的費南雪放過夜會變得相當潮溼，因此請放入密封容器，並置於陰涼處。油會氧化，建議在 3 ～ 4 天內食用完畢，放置時間較長雖然不會壞掉，但確實有損風味。

巧克力費南雪

Financièrs au chocolat

材料

瑪德蓮烤模（8 連）／每顆 30 ～ 31g

蛋白	80g
上白糖	70g
杏仁粉	25g
中高筋麵粉（法國粉）	20g
可可粉（製菓用／無糖）	10g
泡打粉	1.5g
發酵奶油	70g
香草精	適量

point 可可粉顆粒較細，因此在計量時務必以篩網過篩。

point 可可粉容易褪色變質，因此須隔離光線密封保存。

作法

與基本作法相同，只須在混合的過篩粉料中追加可可粉。

驗證①

Vérification No.1

使用焦化奶油與
融化奶油的差異？

香氣與餘韻
表現完全迥異！

在看了許多食譜之後，發現奶油的焦化程度皆不同，因此我試著比較驗證這當中的差異為何。

除了奶油的焦化程度外，統一以基本作法（P30～33）製作。

基本作法會將奶油加熱至焦褐色，而這裡的奶油又可稱為「榛果奶油」（Beurre noisette）。「Beurre」是指奶油，「Noisette」則是指榛果。

將奶油加熱到榛果般的濃色，在還沒送入烤箱前，整個麵糊就會先染上焦化奶油的顏色。

焦化奶油不僅能讓麵糊形成深層風味，芳醇的香氣還會在口中整個散開，讓人更長時間享受其餘韻氛圍。

使用融化奶油的話，做出來的費南雪則是相當爽口，成品的酥脆度也會比焦化奶油稍微強烈，因此較推薦給喜愛輕盈口感之人。

順帶一提，我有發現部分食譜會過濾榛果奶油焦掉的部分。就算省略過濾步驟也不會影響口感，因此各位可自行決定是否要過濾。

依照基本作法（P30～33），
以焦化奶油製作的成品

以融化奶油製作的成品

驗證②

Vérification No.2

使用發酵奶油與
非發酵奶油的差異？

想要更多的奶油芳醇香氣？
或是稍微增添清爽的
杏仁香氣？

雖然我平常都使用發酵奶油，但為了比較與非發酵奶油的差異，便進行了下述驗證。

統一以基本作法（P30～33）製作。

基本食譜做出的成品會感受到較強烈的奶油香氣，這就表示使用的奶油香氣與風味深深影響了成品。

發酵奶油本身帶有獨特的芳醇氣味，因此使用這類奶油時，其氣味會真實地反映在糕點上，讓費南雪充滿豐盈香氣。

使用非發酵奶油的話，除了會讓成品的味道偏清爽外，還會先感受到杏仁的香氣。

費南雪屬於相當容易受奶油影響的糕點，各位務必親身體會當中的差異之處。

依照基本作法（P30～33），
以發酵奶油製作的成品

以非發酵奶油製作的成品

驗證③

Vérification No.3

是否需要泡打粉？

添加泡打粉能讓高度更膨，並形成氣泡

有些食譜會添加泡打粉，有些卻不會，因此我對兩者的差異進行了比較驗證。

泡打粉是種膨脹劑，碳酸氣體能讓麵糊膨脹。

因此添加泡打粉的話，當然就會增加膨脹程度。或許也可以形容成讓糕點變膨湃。觀察剖面後就會發現裡頭帶有氣泡，這也讓口感變得更鬆軟。

就算不放泡打粉，麵糊也會膨脹，但感覺糕體就會密實。品嚐起來更帶有嚼勁，香氣則會慢慢地擴散開來。

平常會將費南雪添加泡打粉就是為了讓烤出來的成品變輕盈。

加或不加泡打粉並無所謂的對或錯，各位只須思考希望烤出怎樣的成品，來決定作法即可。

順帶一提，P40 ～ 41 介紹的「栗子風味費南雪」考量麵糊質地較重，因此添加有泡打粉。

依照基本作法（P30～33），
添加泡打粉的成品

未添加泡打粉的成品

驗證④

Vérification No.4

若不靜置麵團
該如何製作費南雪？

那就選擇
奶油用量較多的食譜吧！

口感鬆軟的費南雪，能享受到萊姆酒的香氣與栗子的甜味。

與 90g 的蛋白用量相比，這次準備的奶油較多，為 100g。只要確實乳化就不會分離，但由於奶油用量較多，結構較容易變密實，一旦變密實就會影響口感，因此選擇直接進爐烘烤不靜置。

基本麵糊經靜置後，會讓麵糊質地變密實，且整體更加融合。靜置過的麵糊體積也會稍微變小。

此外，透過 P38 ～ 39 的驗證③，亦可得知有無添加泡打粉同樣會讓糕體呈現產生差異。基於差異結果，再加上此食譜須添加重量較重的栗子醬，因此選擇加入泡打粉，避免糕體過於密實。

栗子風味費南雪

材料

直徑 50 ㎜的 8 連迷你瑪芬矽膠烤模

栗子醬	75g
萊姆酒	8g
蛋白	90g
香草精	適量
微粒子精製白糖	35g
低筋麵粉（紫羅蘭）	40g
泡打粉	2g
發酵奶油	100g
澀皮煮栗子	適量
萊姆酒（澀皮煮栗子用）	適量

point 量取栗子醬時可放入蛋白中進行，如此一來將較容易讓栗子醬變軟。

事前準備

- 混合低筋麵粉與泡打粉並過篩。
- 稍微壓碎栗子，與萊姆酒拌和。

作法

1 將萊姆酒加入栗子醬，以橡皮刮刀拌軟。
2 逐次少量加入蛋白混合，須攪拌到沒有結塊。加入香草精並混合。
3 加入微粒子精製白糖，以打蛋器攪拌，須注意不可打發。
4 再次過篩混合為一的粉料，並輕輕攪拌。
5 將奶油加熱成焦化奶油（P32的步驟❸❹），放涼後（約 80℃）倒入 4 並加以攪拌。
6 倒入烤模中，接著擺上與萊姆酒拌合好的澀皮煮栗子。放入 160℃的烤箱烘烤 8 分鐘，烤盤轉 180° 後再烘烤 4 分鐘左右。

驗證⑤

Vérification No.5

改變要素讓糕點變溼潤？

換成蜂蜜
會讓口感更溼潤

溼潤的糕體與焦糖風味堅果在搭配上可說是絕配。特別是堅果剛出爐時的硬脆口感最讓人印象深刻。

蜂蜜成分中，糖分與水分的占比大約是 80% 與 20%。糖分則幾乎由果糖及葡萄糖組成。果糖不僅擁有極高保水性，更帶有強烈的濃醇甜味。

因此使用蜂蜜製作出來的糕點具備深度甜味，糕體品嚐起來的口感更是溼潤。

此外，蜂蜜中含有大量「還原糖」，因此非常容易產生「梅納反應」，且容易烤出顏色。所謂梅納反應，是指還原糖及胺基酸結合後，產生顏色或形成香氣的過程。

此食譜中，麵糊裡的水分經加熱後變成水蒸氣，並成為促使麵糊膨脹的要素。由於這裡並沒有使用到比 P40 ～ 41「栗子風味費南雪」中還要重的材料，因此製作麵糊時未添加泡打粉。

榛果風味費南雪

材料

◆ **麵糊**

直徑 36 ㎜ × 高 17 ㎜ Flexipan 18 連圓平底矽膠烤模

蛋白	70g
蜂蜜	10g
微粒子精製白糖	55g
榛果粉	30g
低筋麵粉（紫羅蘭）	25g
發酵奶油	70g
香草精	適量

事前準備

將榛果粉與低筋麵粉混合並過篩。

◆ **焦糖榛果**

容易製作的分量，亦可減半。

榛果	100g
微粒子精製白糖	35g
水	20g
發酵奶油	3g

作法

［ 製作焦糖榛果 ］

1 將榛果放入 150℃的烤箱烘烤 5 分鐘左右。

2 將水及微粒子精製白糖倒入鍋中，加熱至 115℃煮乾收汁（黏稠且氣泡破掉速度緩慢的狀態），關火後放入榛果。

point 就算是溫度未達 115℃，只要持續花時間不斷攪拌，砂糖同樣會形成結晶。

3 將堅果沾裹糖漿，且砂糖出現結晶時，再次開火，慢慢地將砂糖融解，並加熱至焦糖色。

point 榛果必須在熱的狀態與糖漿混拌。

4 關火，與奶油充分混拌後，取出並置於料理盤放冷。將榛果切成 1/4 ～ 1/2 小塊。

［ 製作麵糊 ］

5 與基本作法（P32 的步驟❶❷）相同。但以蜂蜜及微粒子精製白糖取代上白糖。

6 將奶油加熱成焦化奶油（P32 的步驟❸❹），放冷後（約 80℃）倒入 **5**。接著加入香草精並予以混合。

［ 烘烤 ］

7 直接將混合好的麵糊倒入烤模中，撒入 **4**。放入 160℃的烤箱烘烤 8 分鐘，烤盤轉 180° 後再烘烤 4 分鐘左右。

驗證⑥

Vérification No.6

維持相同配方比例，
不同種類的麵粉會有何差異？

「法國粉」表現紮實，
「紫羅蘭」表現輕柔

日本的麵粉種類比國外產品更為多元，各家業者推出許多極具特色的麵粉產品。根據材料行提供各款產品的蛋白質含量資訊，我進行了烘焙成品的差異驗證。

統一以基本作法（P30～33）製作。

會選用蛋白質含量達12%的「法國粉」（中高筋麵粉）製作費南雪，是因為希望糕體能夠呈現出不輸給奶油的紮實強度。

由於食譜中添加了焦香味強烈的奶油以及讓口感溼潤的杏仁粉，若要做出表現不輸給這些材料的費南雪，就必須選用中高筋麵粉。而烘烤出來的成品口感確實相當緊實。

為了比較驗證，我另外選擇了「紫羅蘭」（低筋麵粉）製作，烘烤出來的費南雪則是相當輕柔，同時能充分感受到奶油香氣。

各位不妨根據自己喜愛的口感挑選麵粉。

依照基本作法（P30 ～ 33），
以中高筋麵粉（法國粉）製作的成品

使用低筋麵粉（紫羅蘭）製作的成品

Lesson 03

奶油蛋糕
（磅蛋糕）

Butter cake

奶油蛋糕（磅蛋糕）

Butter cake

為了要製作奶油蛋糕體，我思考了能避免膨脹且不會造成口感過硬的食譜配方。
照理來說雖然已經剔除掉會造成膨脹的要素，但烤出來的成果卻還是膨脹鬆軟。
思考為什麼的同時，我透過不斷地驗證及試做，找到了下述配方。
能做出充分感受到奶油芳醇香氣的蛋糕食譜。
多虧有杏仁粉，才能呈現出溼潤口感。
為了能讓各位感受到製作糕點中，進行「乳化」這個重要步驟時的手感，刻意減少材料分量。

材料

1 組 12 cm × 6.5 cm磅蛋糕烤模

發酵奶油……60g
微粒子精製白糖……55g
全蛋……60g
杏仁粉……25g
低筋麵粉（特寶笠）……35g
檸檬糖水（參照下方）……全量

point 若想要成品表現輕柔，可選擇特寶笠的低筋麵粉。

◆ 檸檬糖水

微粒子精製白糖……20g
水……20g
檸檬汁……20g

以微波爐加熱微粒子精製白糖與水，使糖融解。放冷後，再加入檸檬汁。

事前準備

將奶油置於常溫放軟。

全蛋同樣置於常溫，並打散備用。

將杏仁粉及低筋麵粉分別過篩。

於烤模內鋪放烘焙料理紙。

[混合材料]

❶

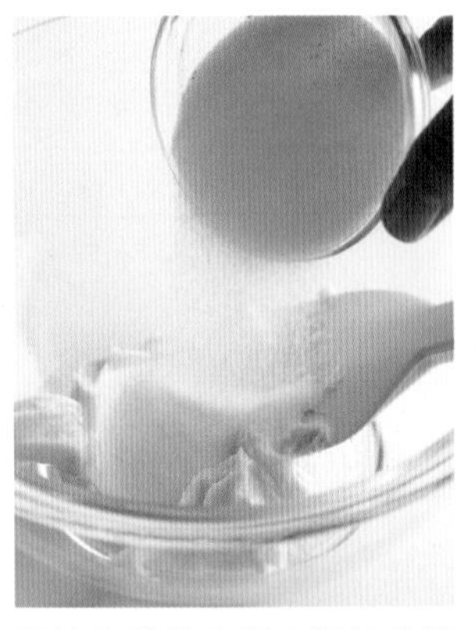

將糖全數放入裝有奶油的攪拌盆中，並以橡皮刮刀混合。

point 請勿打發，避免拌入過多空氣。以橡皮刮刀混合的過程中，讓空氣自然地混入其中（參照 P52 ～ 53 驗證①）。

❷

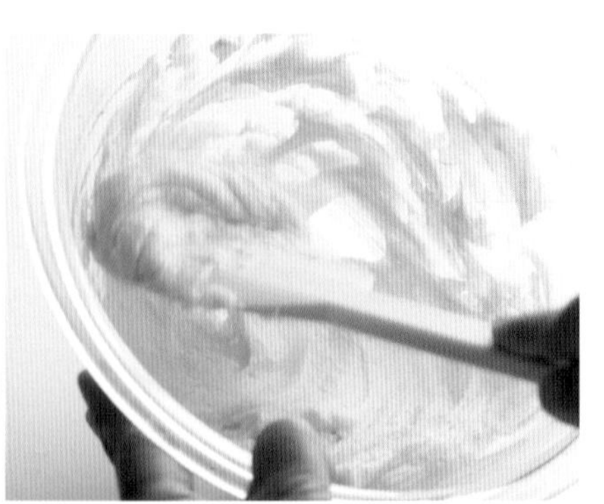

將少量散蛋汁倒入❶中，以刮刀縱向切拌奶油的方式，讓蛋汁覆蓋奶油，當混合效果有限時，則可將攪拌盆斜放，用刮刀畫圓的方式，充分混合材料使其乳化，並重覆上述步驟。

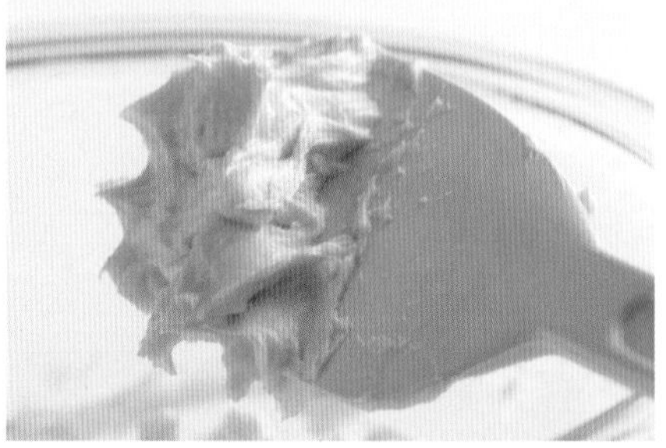

point 透過混合作業感受乳化（＝重量）過程相當重要。乳化的麵糊會變重，手感上也會帶有阻力。若想確認乳化與否，則觀察攪拌盆斜放時，麵糊是否會滑落。即便乍看之下已經乳化，但有時靜置片刻便可發現其實已出現分離（參照 P11）。

❸

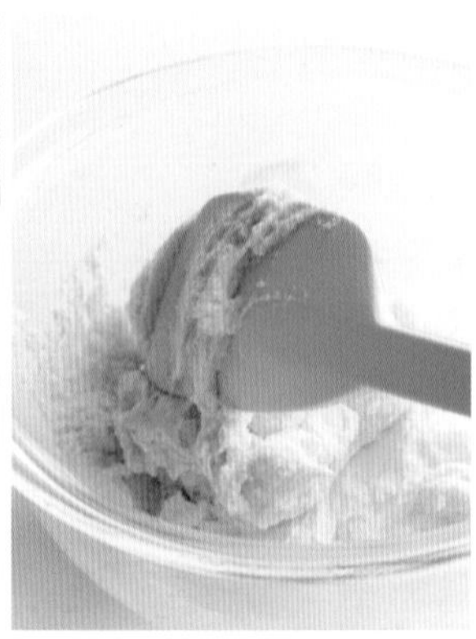

再次過篩杏仁粉，加入❷並混合。

point 杏仁粉不會出筋（參照 P8），因此要先混合。

[擠入麵糊]

4

再次過篩麵粉，並用切拌方式混合。

point 邊過篩邊加入麵粉能讓麵粉更容易散開。

point 先用切拌的方式分散奶油及雞蛋的水分，就能避免粉料飛散。

若切拌效果有限時，則可從盆底撈起麵糊，將粉料均勻混合。

5

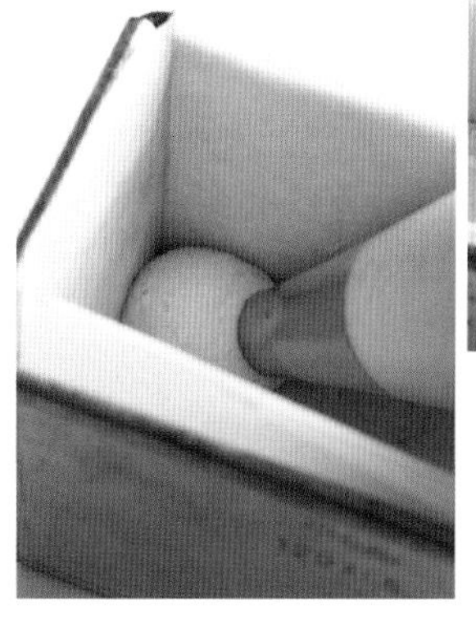

將麵糊放入擠花袋，並擠入烤模，表面必須平整。

point 依照麵糊裡頭所含的空氣量，即便分量相同，烤出來的體積也可能會有差異，各位可參照P52～53的驗證①，了解空氣含量過多時的影響。

[烘烤]

6

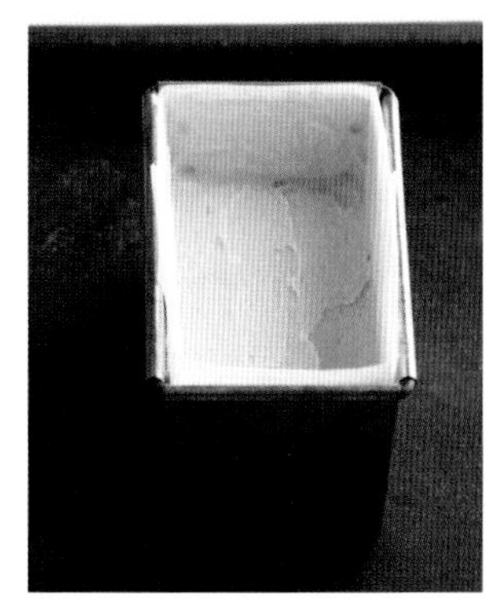

放入160℃的烤箱烘烤20分鐘，烤盤轉180°後再烘烤10分鐘左右。若合計烘烤30分鐘後仍沒有烤出顏色，則可再追加5分鐘的烘烤時間。

point 在正中央擠上些許奶油，或是烘烤過程中劃入刀痕，就能從該處漂亮地裂開。

[刷糖水]

7

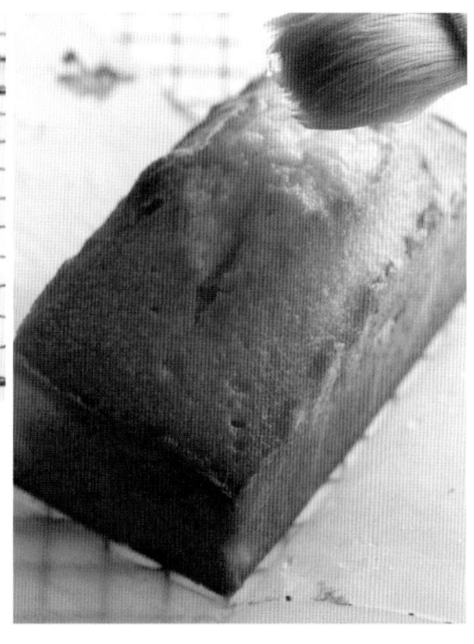

除了蛋糕底部，皆以刷毛塗抹檸檬糖水並讓糖水滲入蛋糕中。

※ 塗抹檸檬糖水後，須密封存放並置於陰涼處（冬天等較乾燥的季節亦可以保鮮膜包裹，並放入密封容器存放）。新鮮的香氣會逐漸消失，因此建議2～3天內食用完畢。

驗證①

Vérification No.1

用橡皮刮刀混合&未添加泡打粉，為何還是會膨起？

因為麵糊中拌入了適量的空氣

在試做既不會過度膨脹，又不會太硬的奶油蛋糕時，我發現就算不打發、不添加泡打粉，蛋糕體還是會膨脹起來，於是進一步驗證究竟為何會膨起。

作法條件統一如下。

- **於溫度約為25℃的奶油中，分八次加入26～27℃的蛋汁（融化奶油除外）。**
- **加完蛋汁時，麵糊溫度為25℃（融化奶油除外）。**
- **放入160℃的烤箱烘烤30分鐘（未劃切痕以進行驗證）。**

即便是以刮刀攪拌，還是會拌入適量空氣。這裡的適量空氣相當關鍵，能讓成品充滿奶油香氣。

雖然以打蛋器打發同樣能讓蛋糕膨脹，但空氣過多反而會使蛋糕變得太輕盈，同時削弱奶油的風味。

若使用感覺不太會混有空氣的融化奶油，又會製作出怎樣的成品呢？依序添加全蛋→微粒子精製白糖→杏仁粉→低筋麵粉→融化奶油，將會製作出比其他配方更黃且黏稠的麵糊。烘烤後更讓人驚訝的是，雖然程度沒有非常明顯，但還是出現膨脹。但實際品嚐後卻又發現，口感並不如想像的膨鬆輕盈。放置片刻後的口感更是溼潤。

無論是基本作法的麵糊，或是添加有融化奶油的麵糊，由於材料中所含的水分變成水蒸氣後會撐起麵糊，因此能稱為膨脹。

若想著要讓成品變膨鬆，就拼命混合攪拌的話，反而會拌入過多空氣，超出粉料的負荷上限，導致結構傾倒塌陷。使口感變得就像是乾澀的蜂蜜蛋糕。一旦空氣拌入量愈多，經放置後的乾燥速度就會愈快。

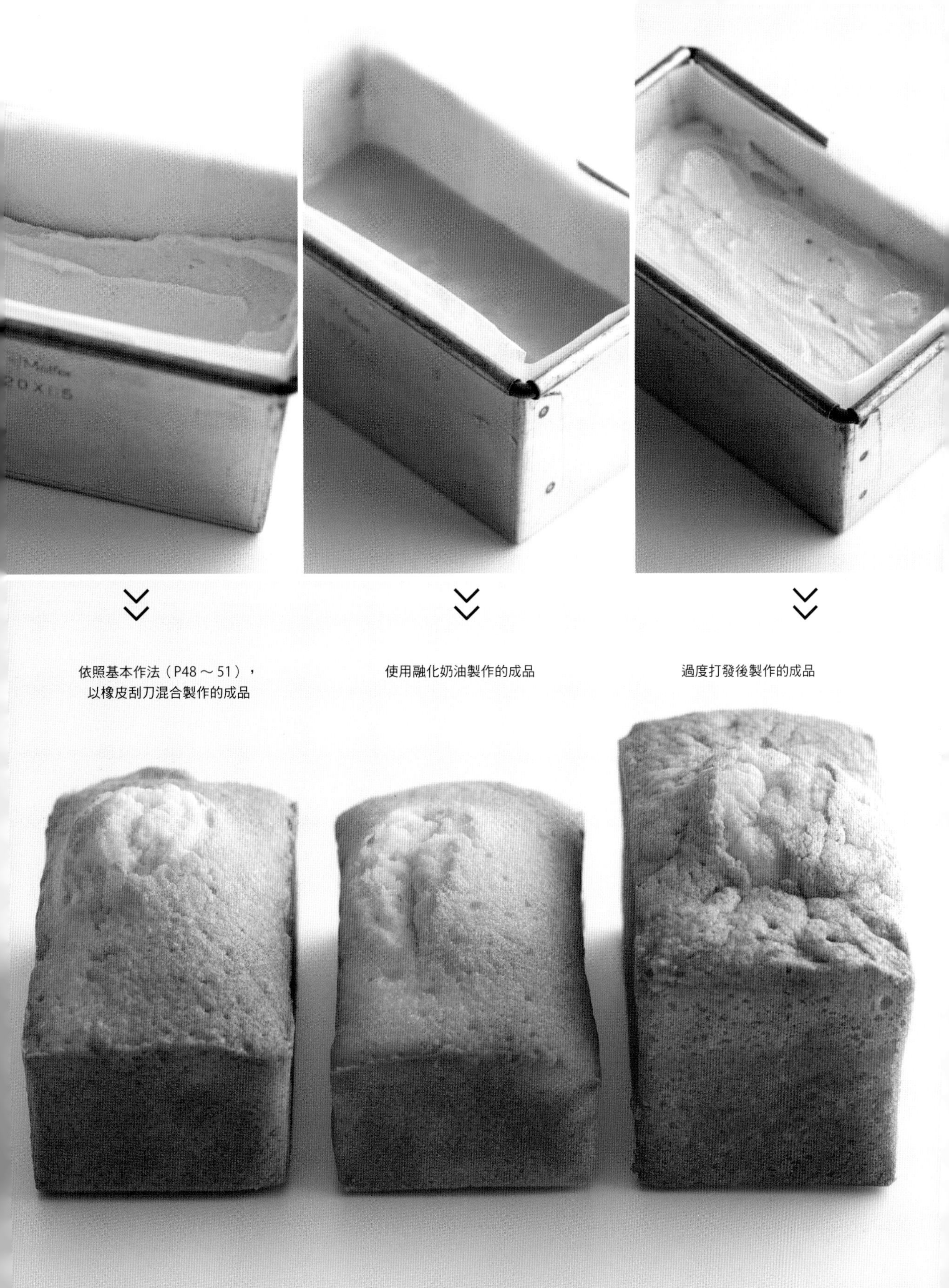

依照基本作法（P48～51），
以橡皮刮刀混合製作的成品

使用融化奶油製作的成品

過度打發後製作的成品

驗證②

Vérification No.2

不加泡打粉是否可行？

雖然會改變成品高度，但不加泡打粉也能確實膨脹。

試做基本作法的奶油蛋糕時，成功驗證了即便未添加膨脹要素的泡打粉，還是能讓成品膨起。

添加泡打粉時，須在準備工作時與低筋麵粉一同過篩並加入麵糊中。

泡打粉是種使用在烘焙麵包或糕點的膨脹劑。會添加泡打粉，多半是為了讓成品更輕柔，但為了能充分享受到奶油香氣，基本作法並未使用泡打粉。

品嚐未添加泡打粉的成品後，會發現第一口充滿糕體本身的味道，但咀嚼過程中糕體開始崩解，並散發出奶油香氣。再加上最後塗抹的檸檬糖水滲入糕體中，因此糕體會帶有適中的水分（口感）。

那麼，添加麵粉分量 1% 的泡打粉所製成的成品又會是怎樣呢？與未添加泡打粉的糕體相比，表現雖然較為輕柔，但奶油香氣也變得較淡。製作時若有添加水果等重量較重的材料，就必須使用泡打粉。添加麵粉分量 2% 的泡打粉則會讓糕體變得鬆垮，且大大削弱奶油香氣。一旦添加愈多泡打粉，糕體就會愈快變鬆散。

依照基本作法（P48 ～ 51），
未添加泡打粉製作的成品

添加麵粉分量 1% 的泡打粉製作的成品

添加麵粉分量 2% 的泡打粉製作的成品

驗證③

Vérification No.3

維持相同配方比例，
不同種類的麵粉會有何差異？

想要鬆柔口感，
還是彈嫩口感？

平常做糕點時，都會很自然而然地選擇低筋麵粉。日本的麵粉種類雖然是以蛋白質含量及用途做區分，但海外部分國家卻是以麵粉中含有的鎂、鉀、鐵等礦物質（灰分）含量做分類。這次為了確認改變麵粉種類會讓成品出現怎樣的差異進行驗證。

統一以基本作法（P48～51）製作。

在基本作法食譜中，使用的是表現相對輕柔的「特寶笠」低筋麵粉。使用「特寶笠」製作的成品會持續帶有麵粉感，但在不斷咀嚼的過程中，則會變成鬆柔且糕體散開的口感。此外，更因為添加有杏仁粉的關係，讓口感表現溼潤。

若使用被歸類為中高筋麵粉的「法國粉」，那麼成品就會是彈嫩充滿咬勁的口感。除了飽足感十足外，更能明顯感受到粉味。

各位不妨也試著改變麵粉種類，比較看看會對口感及香氣表現帶來怎樣的影響。

依照基本作法（P48～51），
以低筋麵粉（特寶笠）製作的成品

使用中高筋麵粉（法國粉）製作的成品

驗證④

Vérification No.4

維持相同配方比例，不同種類的砂糖會有何差異？

會改變糕體感及風味

除了單純地讓糕點產生甜味外，我試著驗證砂糖會對味道及糕體帶來怎樣的影響。

統一以基本作法（P48～51）製作。

基本作法食譜使用的是常見於糕點製作的微粒子精製白糖。此砂糖的特色在於沒有特殊味道的淡雅甜味。我希望品嚐之人能夠感受到滿滿的奶油香氣，因此不會影響其他材料表現的微粒子精製白糖就非常適合放在這道食譜中。

上白糖比微粒子精製白糖更濃郁，甜味也較重。此外，由於上白糖含有轉化糖（參照 P31），因此容易產生焦色，讓烘烤面呈現褐色。品嚐時還能感受到如焦糖般的淡淡香氣。

蔗糖則是以百分之百甘蔗製成的茶褐色砂糖。由於是未精製過的粗糖，因此砂糖本身的表現濃郁。用來製作奶油蛋糕將能把那濃郁感及風味充分發揮於口感表現上，切開後還能呈現出咖啡色的剖面。

究竟要選擇哪一種砂糖並無所謂的對或錯，各位在製作過程中，只須思考希望烤出怎樣的成品，來決定喜愛的砂糖即可。

依照基本作法（P48～51），
以微粒子精製白糖製作的成品

使用上白糖製作的成品

使用蔗糖製作的成品

驗證⑤

Vérification No.5

為何需要刷糖水？

為了展現香氣&保濕性&保存性

這裡針對糕點出爐後，刷糖水做了驗證比較。

一般而言，為了讓樸實類型蛋糕上的水果更具風味，會選擇刷糖水。這次在剛出爐的糕點塗抹「檸檬糖水」，藉此更加強調檸檬香氣。

刷糖水的另一個重點在於保濕性。

刷糖水能避免糕點在出爐後變乾。若是塗抹酒類，有可能是因為需要酒所散發出的香氣，另外也有可能是因為想拉長存放天數。但這次的檸檬糖水是新鮮現榨，因此不適合長期存放。

順帶一提，在糕點出爐後立刻刷糖水，將能讓更大量的糖水滲入糕體中。若不希望糕點吸收太多糖水量，那麼可調整塗抹時間點，待糕點冷卻後再進行塗抹。

另一方面，與日本國產麵粉相比，大多數的進口麵粉質地較粗，因此必須刷糖水，讓糕體變得溼潤。

依照基本作法（P48～51），刷了糖水的成品

未刷糖水的成品

Lesson 04

全蛋海綿蛋糕（草莓蛋糕）

Pâte à génoise

全蛋海綿蛋糕（草莓蛋糕）

Pâte à génoise

為了製作草莓蛋糕，就必須先與各位介紹全蛋海綿蛋糕（亦可稱為傑諾瓦士蛋糕）。
這裡我省略了打發雞蛋時，被認為有其必要性的隔水加熱步驟，改以拉長時間的方式，低速打發雞蛋。
會想這麼嘗試，是因為早在手持式打蛋器發明前，海綿蛋糕就已問世，
於是不禁做了低速也能打發雞蛋的假設。
嘗試此方法後，發現能做出相當細緻綿密的蛋糕體。
漂亮地塗抹鮮奶油也是製作上相當關鍵的重點。

材料

1 個 15 cm圓形烤模

◆ 全蛋海綿蛋糕

全蛋（常溫）……120g
微粒子精製白糖……55g
海藻糖……10g
低筋麵粉（紫羅蘭）……50g
米粉（製菓用）……10g
鮮乳……10g
發酵奶油……10g
香草精……適量

point 海藻糖屬天然糖類，具保水性。甜度大約是細砂糖的 40% 左右。若不使用海藻糖，則可改以 60g 的微粒子精製白糖代替。

point 添加米粉後能讓蛋糕體更加溼潤。若不使用米粉，則將所有的粉料更改為 60g 的「特寶笠」，做出來的成品會較輕盈。

point 使用發酵奶油增添蛋糕體的風味（參照 P76 ～ 77 驗證④）。

事前準備

將烤模底部與側面鋪稻草半紙（註：以稻稈或麥稈為原料製成的紙張）。

point 會選擇使用稻草半紙，是因為它比烘焙紙更不容易形成皺褶，並能保有適量水分，有助於保存。

混合微粒子精製白糖與海藻糖。

混合並過篩低筋麵粉與米粉。

[打發材料]

❶

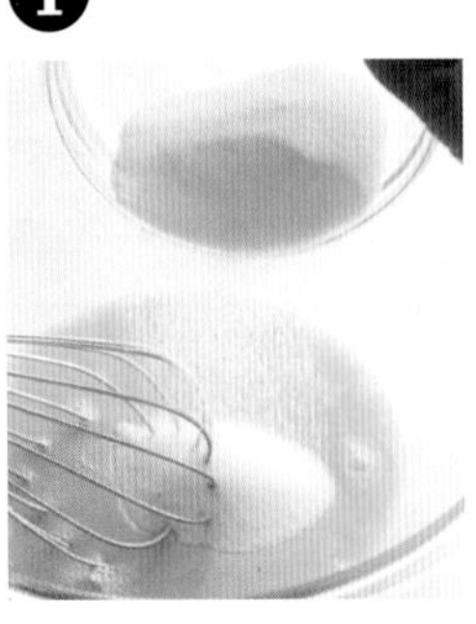

將全蛋放入攪拌盆中並打散，接著將混合好的微粒子精製白糖與海藻糖全數倒入，並充分混合。

❷

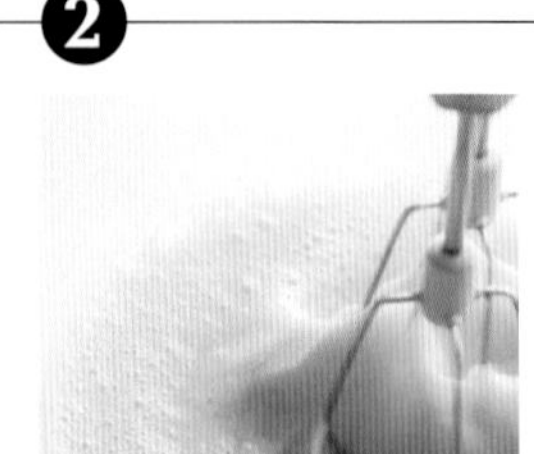

使用手持式打蛋器，以中速打發至整體出現氣泡。

❸

改為低速，繼續慢慢地打發。作業時，可固定打蛋器的位置，並轉動攪拌盆將材料混合。

point 手持打蛋器以書寫日文「の」的方式雖然能加快打發速度，但卻也會出現大顆氣泡，有損蛋糕體的細緻度。此外，一旦形成大顆氣泡就不容易消失（參照P72～73驗證②）。

❹

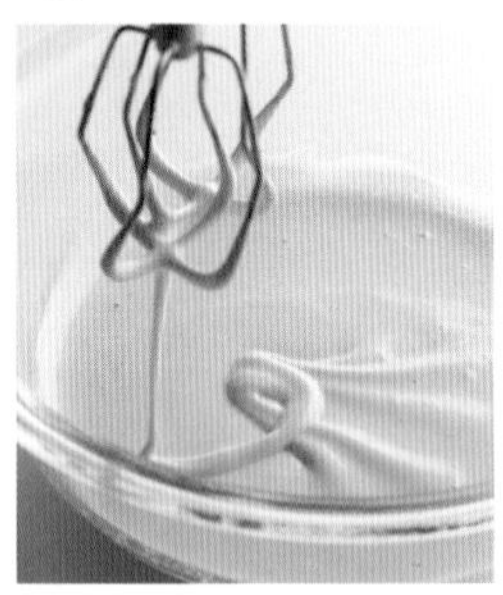

持續打發材料，直到舉起打蛋器時，滴落的麵糊會留下摺痕。

[混合材料]

❺

將混合好的粉料分成3～4次（先少量，再逐漸加量），邊過篩邊加入，並使用刮刀以撈拌的方式仔細混合。

不斷轉動攪拌盆，以寫字母「J」的方式，從中間劃過，撈起盆底麵糊，並沿著攪拌盆邊緣翻面。

point 粉料吸水速度快，因此能迅速完成混合作業。邊混合邊轉動攪拌盆將能避免攪拌不均的情況。

❻

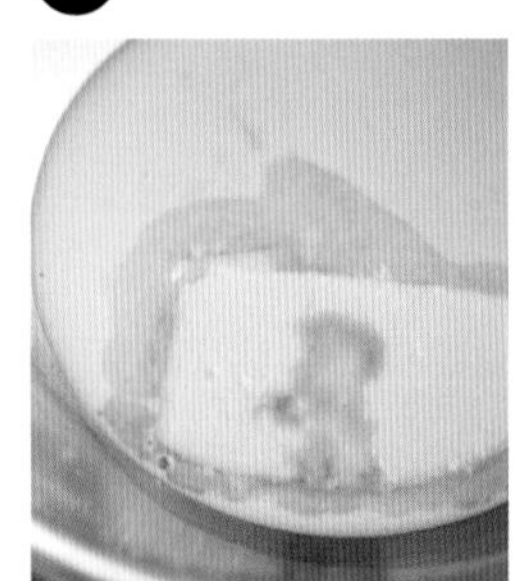

取另一只攪拌盆，倒入鮮奶、奶油、香草精並隔水融解。水溫約為50℃。

point 溫度達50℃才能夠乳化。

[乳化]

7

取 1/3 左右❺的麵糊，倒入❻的攪拌盆中，立起橡皮刮刀混合攪拌。以立起刮刀的方式攪拌，能加快上方輕盈的全蛋麵糊與下方油脂的混合速度。當較重的部分從下方被撈至上方時，就能迅速混合，使材料乳化。

8

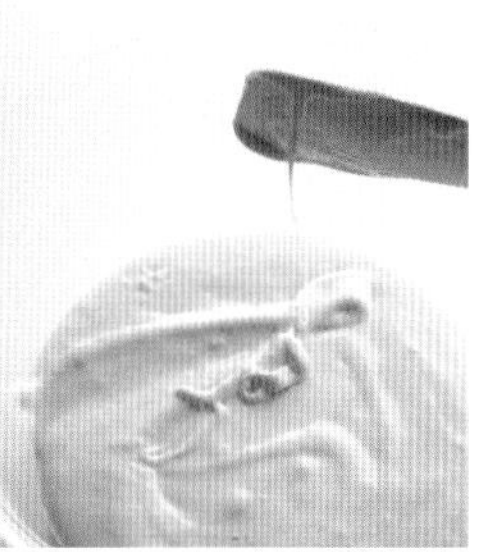

將❼倒回❺的攪拌盆，並整個攪拌混合。

point 與油脂融合後，氣泡會受油脂影響而消失，因此切勿過度攪拌。

[倒入烤模]

9

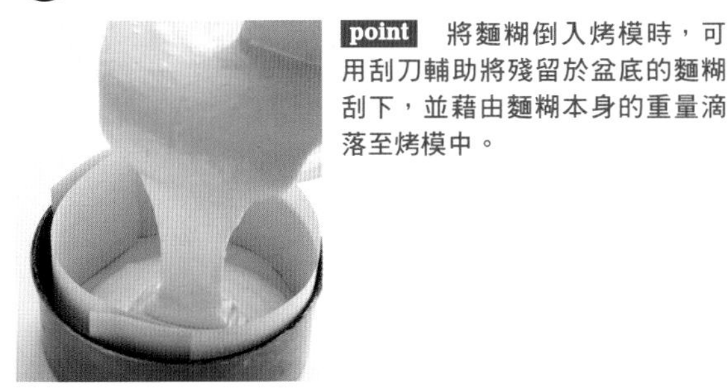

point 將麵糊倒入烤模時，可用刮刀輔助將殘留於盆底的麵糊刮下，並藉由麵糊本身的重量滴落至烤模中。

將麵糊倒入烤模中，倒入時須盡量壓低高度，並將表面整平。

麵糊顏色較深處就是氣泡消失的部分，若直接進爐烘烤，這些部分有可能會形成塌陷，因此必須以刮刀輕刮表面。

[烘烤]

10

放入 160℃的烤箱烘烤 25 分鐘，烤盤轉 180° 後再烘烤 5 分鐘。

[冷卻]

11

連同烤模從 10 cm左右的高度摔落後立刻脫模，並放置於舖有抹布的蛋糕冷卻架上。將稻草半紙垂直撕開至蛋糕高度。

12

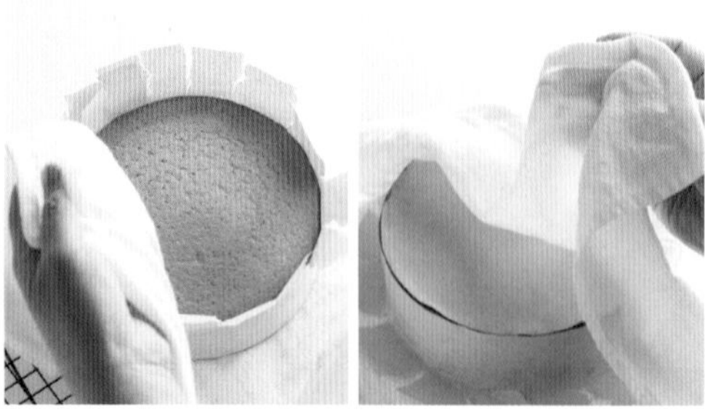

蓋上抹布，將撕開的稻草半紙外摺，接著將海綿蛋糕整個翻面，讓表面變平整。翻面後立刻再翻回，並以抹布包裹，使其冷卻。

冷卻後，將整個海綿蛋糕連同稻草半紙、抹布放入塑膠袋中，並靜置於陰涼處一晚。蛋糕靜置過後會變得溼潤。

裝飾

材料　1個份

◆新鮮鮮奶油、草莓

草莓……1盒

鮮奶油（乳脂含量36%）

……400g（較保險的分量）

微粒子精製白糖……32g

事前準備

草莓去除蒂頭並擦拭表面髒污後，切成3～5㎜的片狀。

將鮮奶油覆蓋保鮮膜，連同攪拌盆放入冰箱冷藏。

point　開始製作時，鮮奶油的溫度必須是5℃左右（打發鮮奶油的最佳溫度）。

[製作新鮮鮮奶油]

1

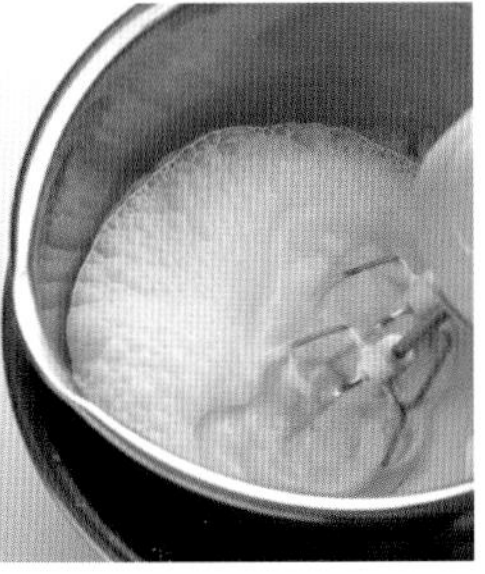

將微粒子精製白糖加入鮮奶油中，連盆放入冰水中，以手持式打蛋器打發。

point 打發作業會受室溫影響，因此夏天或在暖氣房時須特別留意溫度。

2

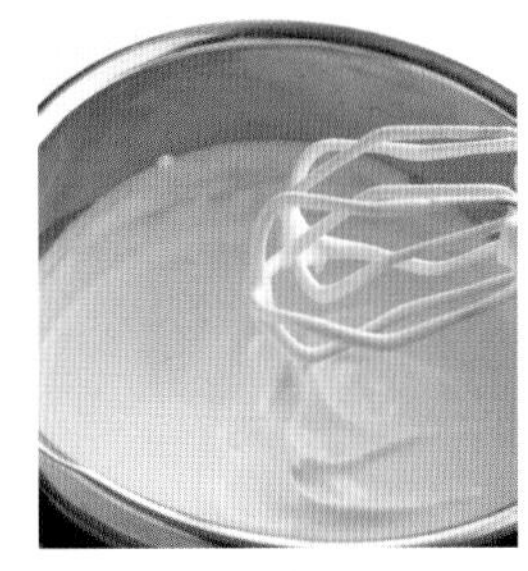

勿將鮮奶油整個打發，而是在取用時調整成所須的硬度，讓鮮奶油保持在最佳狀態。

point 若鮮奶油完全打發，隨著時間的經過容易讓鮮奶油逐漸變乾。

point 當鮮奶油滴落時會留下摺痕，就可以改用一般打蛋器來調整硬度。具體而言，必須是還能勉強以打蛋器撈起的硬度。（若一開始用來塗抹夾層的鮮奶油太軟，將會使鮮奶油受擠壓溢出，因此務必留意夾層的鮮奶油硬度）。

[裝飾作業]

1

撕除海綿蛋糕上的稻草半紙，從下而上將蛋糕切成15㎜、10㎜、10㎜的厚度。

point 使用鋁條（木條）才能將蛋糕水平地漂亮切片。在尚未習慣均勻地塗抹鮮奶油前，先練好水平切蛋糕的技巧能讓塗抹作業更加輕鬆。

point 將蛋糕屑（海綿蛋糕切片後掉落的碎屑）去除乾淨，並將蛋糕覆蓋保鮮膜，避免作業過程中蛋糕變乾。

2

point 撕除海綿蛋糕上的稻草半紙前，先打發鮮奶油並調整硬度。

將15㎜厚的蛋糕體放於轉台上，接著放上鮮奶油。

3

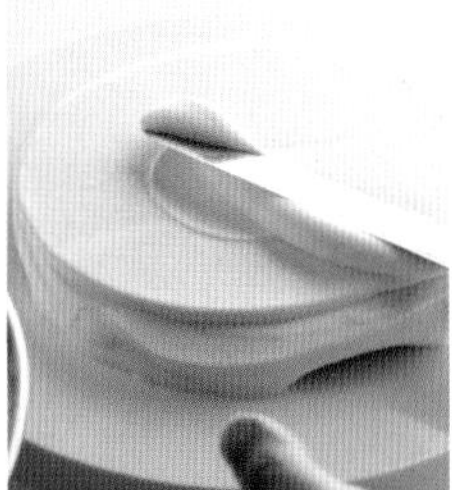

point 附著於抹刀的鮮奶油中可能混有蛋糕屑，因此建議隨時刮至其他攪拌盆中，讓抹刀維持乾淨。

用抹刀刮平（刮平次數過多的話也會使鮮奶油變乾）

排列草莓切片。

point 中間無須擺放草莓，避免完成後不易將蛋糕切開。

放上鮮奶油，再以抹刀刮平。

擺放 10 ㎜厚的蛋糕體，放上料理盤水平輕壓，使材料更為密合。

以抹刀塗刮四周溢出的鮮奶油，邊確認蛋糕體是否有整齊疊放，邊進行四周的塗抹作業。

point 下垂時將刮刀置於蛋糕體與轉台間，刮除掉累積在下方的鮮奶油（參照⓫）。

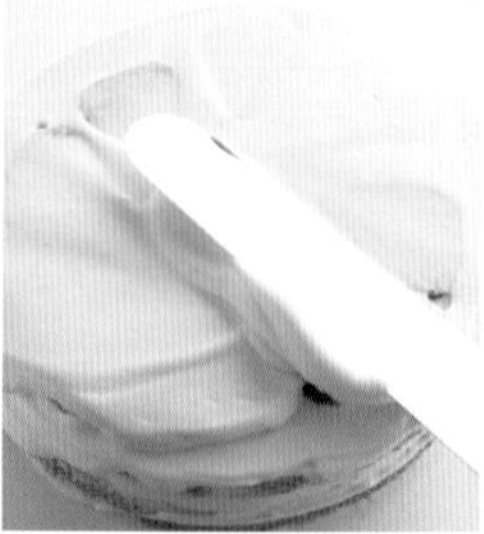

重覆步驟❷～❼完成第二層與第三層的蛋糕體作業。

9

於最上方擺放鮮奶油，並以抹刀刮平。

10

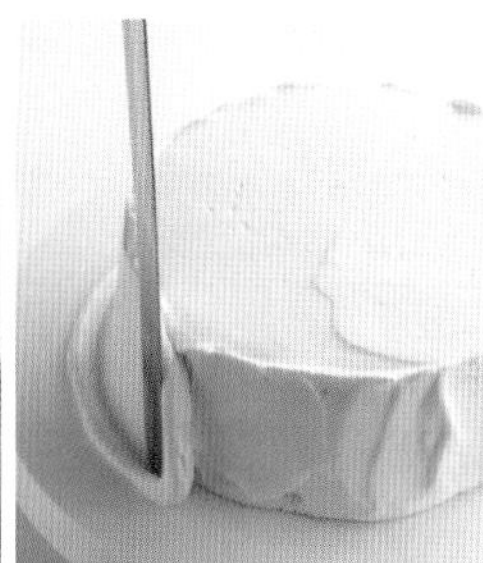

調整鮮奶油硬度，將抹刀垂直靠在蛋糕側面，並塗抹上鮮奶油。搭配轉台旋轉一圈，將鮮奶油漂亮抹平。這時，邊角的鮮奶油高度會超出頂端鮮奶油的高度。

11

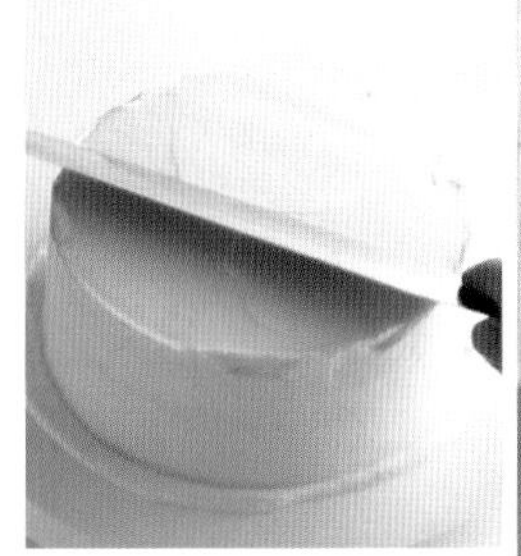

整平上方後，再塑型出邊角。接著刮除累積於下方的鮮奶油。

12

將鮮奶油倒入裝好星形花嘴的擠花袋，沿著外圍擠花一圈，並於中間擺放草莓做裝飾。

point 由於手的溫度有損鮮奶油，因此將鮮奶油裝入擠花袋時，分量無須過多。

※ 比起做好立刻享用，建議可放置半天或隔天後再品嚐，能讓水分更融合，更加美味。
※ 將鮮奶油置於閉密容器並放入冰箱冷藏可避免變乾，同時還可使用至隔天。

驗證①

Vérification No.1

打發雞蛋時，
隔水加熱與未隔水加熱會有何差異？

香草氣味的表現
與入口即化的口感會不同

雖然絕大多數的食譜都是介紹必須隔水加熱的方法，但以前製作時有印象氣泡似乎變得比較粗，因此特別做了驗證確認。

未隔水加熱的基本作法（P62～66）如下。

❶ 手持式打蛋器設定中速攪拌 3 分鐘。
❷ 手持式打蛋器設定低速攪拌 15 分鐘。
❸ 打發完成的溫度約為 23℃。

隔水加熱的作法則如下。

❶ 手持式打蛋器設定中速攪拌 2 分鐘。
❷ 手持式打蛋器設定低速攪拌 3 分鐘。
❸ 打發完成的溫度約為 25.8℃。

未隔水加熱的作法雖然較為費時，但整體能產生細緻的氣泡。這些氣泡不僅讓蛋糕保有紮實口感，更能讓糕體膨鬆到入口即化。同時還能充分感受到香草的氣味。

隔水加熱使溫度上升的話，將能更快打發雞蛋。這是因為隔水加熱後，雞蛋的表面張力變弱，因此加快了打發的速度。此外，打發雞蛋的同時也在進行乳化，一旦溫度上升至某個程度後，就會變得相當容易打發。剛烘烤出爐的蛋糕體則是稍微缺乏嚼勁，並會先感受到雞蛋的風味。

店家必須一次準備大量蛋糕體時，隔水加熱將是讓作業更有效率的辦法，但若是在家少量製作，即便未隔水加熱也能做出相當美味的海綿蛋糕。

打發雞蛋時有隔水加熱的蛋糕體

依照基本作法（P62 ～ 66），
未隔水加熱的蛋糕體

驗證②

Vérification No.2

不會產生大氣泡的方法？
以及氣泡大小是否會對成品帶來差異？

會深深影響蛋糕體的
細緻綿密度及口感

以下皆是未隔水加熱的作法。

不會產生氣泡的基本作法（P62～66）如下。
❶ **手持式打蛋器設定中速攪拌 3 分鐘。**
❷ **手持式打蛋器設定低速攪拌 15 分鐘。**

會產生大氣泡的作法如下。
❶ **手持式打蛋器設定高速攪拌 2 分鐘。**
❷ **手持式打蛋器設定中速攪拌 1 分鐘。**
❸ **手持式打蛋器設定低速攪拌 1 分鐘。**

若想快速打發，就必須將空氣打入麵糊中。以高速攪拌打發的話，便能先製造出許多大氣泡。

乳化過程中，一旦結構紮實的麵糊形成大氣泡，就很難再變回小氣泡，並且會維持既有的大氣泡狀態。

形成大氣泡的麵糊經烘烤後會變成細緻度表現較差，且帶有嚼勁的蛋糕體。咀嚼時口感稍硬，再加上大氣泡中包覆著空氣，因此有損香草的氣味表現。

基本作法選擇不以高速攪拌，而是稍微以中速混合後，再改以低速長時間打發。這時務必記住，不可用書寫日文「の」的方式（參照 P64 步驟③）打發。這樣的方式雖然較費時，卻能避免形成大氣泡，做出綿密細緻的海綿蛋糕。

依照基本作法（P62～66）
做出的無氣泡麵糊
有著大氣泡的麵糊
無氣泡麵糊所烤出的海綿蛋糕
有大氣泡麵糊所烤出的海綿蛋糕

驗證③

Vérification No.3

將麵粉量或砂糖量減半會出現怎樣的差異？

蛋糕體無法膨脹，大大地改變了口感及味道表現

有些讀者會因為想要輕盈口感而減少麵粉用量，也有些讀者為了降低糕點的甜度而減少砂糖用量。但無論是麵粉或砂糖，皆是糕點成型過程中不可或缺的材料。因此我試著驗證，若擅自將這兩種材料減量會出現怎樣的差異。

先將條件分別設定為低筋麵粉減為基本作法用量（P63）的一半，以及砂糖減為基本作法用量（P63）的一半。

※ 低筋麵粉量減半時，設定用量會變成 25g 的低筋麵粉及 5g 的米粉。
※ 砂糖量減半時，設定用量會變成 27.5g 的砂糖及 5g 的海藻糖。
※ 油脂量維持同基本作法。

作法統一如下。

❶ 使用手持式打蛋器打發雞蛋時，先以中速攪拌 3 分鐘，接著以低速攪拌 15 分鐘。
❷ 放入粉料後，攪拌混合約 30 次。
❸ 將混有油脂類的麵糊倒回未取用的麵糊中，並攪拌 5 次。

麵粉中所含的麩質是打造糕點骨骼的關鍵要素（參照 P8）。若大幅減少用量，即便膨脹的程度會暫時高出其他配方製成的蛋糕，但冷卻後就會像洩了氣一樣，變得皺皺巴巴。無論是剛出爐時的感覺，或是取握蛋糕時的手感都相當輕盈，缺乏紮實感。味道膨鬆柔嫩，完全沒有濃郁的感覺。

打發雞蛋時，砂糖其實具有穩定（氣泡）的功能（參照 P9），即便驗證過程中的打發時間一樣長，卻仍無法將材料打發，甚至會逐漸消泡。大幅減少砂糖用量更會加重蛋糕的粉味，且口感表現空虛。再者，砂糖還能讓蛋糕質地變得溼潤，因此減少用量將有損在口中化開時的表現。

依照基本作法（P62～66）的材料比例所做出的成品

將麵粉量減半所做出的成品

將砂糖量減半所做出的成品

驗證④

Vérification No.4

維持相同配方比例，
不同種類的油脂會有何差異？

蛋糕體的輕盈度及溼潤感
產生明顯差異！

透過 P74 ～ 75 的驗證③得知，一旦隨意減少麵粉或砂糖用量，就很難做出美味的蛋糕體。於是我開始思考，若想烘烤出自己喜愛的海綿蛋糕，調整哪些材料用量才能改變蛋糕體的口感，並針對油脂進行驗證。

我將基本作法中的奶油＋鮮乳分別改成等量的太白胡麻油與鮮奶油（乳脂含量 36%）進行比較。

作法統一如下。

❶ **使用手持式打蛋器打發雞蛋，設定中速攪拌 3 分鐘後，改以低速攪拌 15 分鐘。**
❷ **放入粉料後，攪拌混合約 30 次。**
❸ **將混有油脂的麵糊倒回未取用的麵糊中，並攪拌 5 次。**

第一口咬下基本作法製作的蛋糕時，口感表現厚實，接著卻又鬆軟到化開在口中。

換成太白胡麻油後，口感變得猶如戚風蛋糕般，更加輕盈，並增加了軟綿的感覺。太白胡麻油無臭無味，因此不會影響到香氣表現，品嚐蛋糕時能感受到香草的香氣。

換成鮮奶油後，蛋糕質地會變得更溼潤。鬆柔地在口中化開來後，留下鮮明餘味。感覺就像是稍微奢侈的美味蛋糕。

針對海綿蛋糕使用的油脂其實並無嚴格設限，但有些糕點師傅會認為，若使用遇冷會凝固的材料（奶油）來製作必須存放冰箱保存的糕點（瑞士捲等），將使糕點口感變硬。

由此觀點來看，無臭無味的太白胡麻油或是葡萄籽油都能成為用油選項，成品表現甚至比奶油配方更加輕盈。

另一方面，使用鮮奶油配方的蛋糕會更柔軟。做為裝飾用的鮮奶油乳脂含量若為 36%，那麼鮮奶油中的水分很容易滲入蛋糕體，使蛋糕體變得太軟，甚至塌陷凹損。因此各位在製作時，必須思考心目中想要的蛋糕體，以及搭配的鮮奶油特性，進而規劃出食譜。

以鮮奶油製作的成品

以太白胡麻油製作的成品

依照基本作法（P62～66），
使用奶油及鮮乳製作的成品

驗證⑤

Vérification No.5

如何改成慕斯用基底？

改變配方，做成稍微紮實的蛋糕體

在 P76～77 的驗證④中，我提到了若將麵糊的油脂改成鮮奶油，雖然烤出來的蛋糕體會很美味，但在加工成成品時，卻有鮮奶油水分滲入蛋糕體的疑慮。那麼，若將蛋糕體改成慕斯等糕點用的基底，又必須如何調整海綿蛋糕的配方呢？

基本作法的海綿蛋糕是用來製作草莓蛋糕用的基底，蛋糕體本身較為溼潤。此外，用來裝飾的鮮奶油乳脂含量達 36%，考量到水份容易滲入蛋糕體中，因此未刷糖水。

慕斯用基底則增加了蛋黃用量，打造出稍微紮實的口感，這是考量到過程中必須刷抹糖水，讓慕斯與基底融合，以及慕斯的水分會滲入基底。各位不妨思考最終想呈現出怎樣的糕點風貌，來決定使用何種配方。

◆海綿蛋糕底

材料　直徑 15 ㎝ × 高 5 ㎝圓形慕斯圈 2 個份

- 全蛋……100g
- 蛋黃……20g
- 微粒子精製白糖……60g
- 香草精……適量
- 奶油……25g（增添風味用）
- 鮮奶油……10g（增添風味用）
- 中高筋麵粉（法國粉）……45g
  （能保留粉的風味，避免蛋糕體過軟）

point　這是添加了蛋黃的海綿蛋糕。與只放全蛋的蛋糕相比，前者的結構表現較為紮實。

作法

與全蛋海綿蛋糕的基本作法（P62～66）相同。在烤盤鋪上烘焙用烤墊，接著擺放圓形慕斯圈，圓形慕斯圈無須塗油。

※ 將麵糊均分並倒入 2 個圓形慕斯圈中，放入 160℃的烤箱烘烤 20 分鐘，烤盤轉 180° 後再烘烤 3 分鐘。

※ 若將全部的麵糊倒入 1 個圓形慕斯圈中，就必須以 160℃烘烤 25 分鐘，烤盤轉 180° 後再烘烤 5 分鐘。

※ 出爐後的成品高度大約會降低 10㎝，以保鮮膜連同慕斯圈整個包覆，並靜置一晚。

column 3

關於課程

我在家中及工作室開設有製作糕點的課程。
這裡就來談談我傳遞給學生們的思維方式，
與一直以來的重視議題。

受友人之託，我於 10 多年前開始了課程。剛開始雖然人數稀少，但隨著大家口耳相傳，直至今日已有不少的學生。我深信，那一定是「狂熱」使然。

當我自己在外面上課的時候，課堂內容只會提到數字及步驟…。為了解決我心中「為何要這麼做？」的疑惑，我在糕點學校尋找理論、參加為專業甜點師傅開授的課程，從中習得技術。在這過程中，我開始認為店家製作的糕點與家庭自製的糕點其實是完全不一樣的範疇，並一頭栽入探索其中。透過不斷地製作，來解決自己心中的疑惑，接著更開班授課，教導相關知識。

比起單純地教授作法，我還會說明「因為這種粉屬於○○，因此會△△」，告知理由及理論。對於已能夠流暢進行每一步驟的人而言，提供跨入下一階段所須的資訊。

前來的學生當中不乏專業料理師，我想這是因為他們都強烈希望「能夠做變化、能夠更進步」。我同時也會站在自己的角度思考失敗的重點，並將其與學生們分享。

為何會用這個材料？ 為何是這樣的使用量？ 為何是這樣的步驟？透過課程，清楚地學習到其中道理。

我本身也不斷地製作糕點，努力學習知識，讓自己能回答大家所提出的疑問。正因為透過持續地學習，才有辦法開出能符合學生期待的課程。

Lesson 05

法式塔皮
（焦糖堅果塔）

Pâte sablée

法式塔皮（焦糖堅果塔）

Pâte sablée

pâte ＝麵團、sablée ＝沙子，這就是法式塔皮的含意。
塔皮麵團只須食物處理機就能簡單完成。
製作時的重點在於須將奶油放冷，避免麵團鬆垮。
是道雖然簡單，焦糖製作方式卻能整個改變風味的糕點。
各位不妨加強焦味，避免口感過甜。
輕鬆將堅果糊填入烤模的方法在課堂上同樣非常受到歡迎。

材料

直徑 16 ㎝活動式菊花塔模 1 個份

◆ 塔皮

杏仁粉	45g
糖粉（含寡糖）	45g
中高筋麵粉（法國粉）	100g
發酵奶油	60g
全蛋	20g

事前準備

將杏仁粉、糖粉、中高筋麵粉混合並過篩，放入冰箱冷凍 1 小時。

打散全蛋並放冷。

於重複用烘焙紙上擺放塔模。

point 不使用菊花塔模的活動底盤，直接讓底部縷空進爐烘烤。如此一來中間將更容易烤熟。

將奶油切成 1 ㎝塊狀，放入冰箱冷藏（切塊時會變軟，因此切完後須再放入冷藏）。

point 若奶油太冰，或是粉料太冰，在混合時有可能會出現殘留奶油顆粒的情況。

[混合材料]

1

將混合的粉料倒入桌上型攪拌機（食物處理機亦可）並稍微攪拌。

point 若粉料會飛散，可以用保鮮膜覆蓋住攪拌機。

2

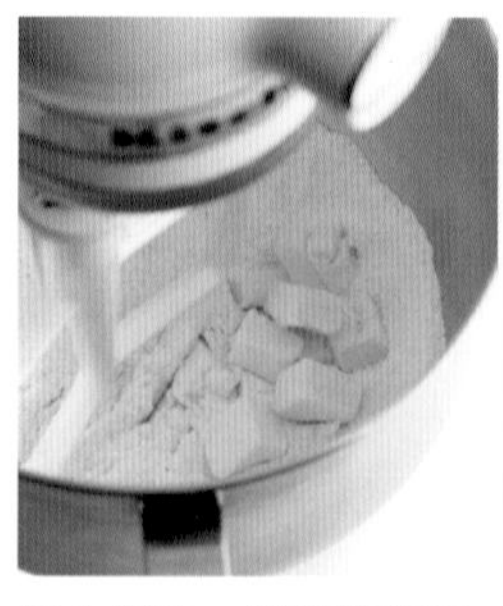

加入奶油，繼續攪拌至看不見奶油顆粒。

整體看起來會呈現像杏仁粉一樣的溼潤淡黃色

3

將散蛋全部倒入，攪拌到稍微結塊後取出。

point 若不在整個結塊前停止攪拌，將會讓攪拌機的馬達產生負荷。

[靜置麵團]

4

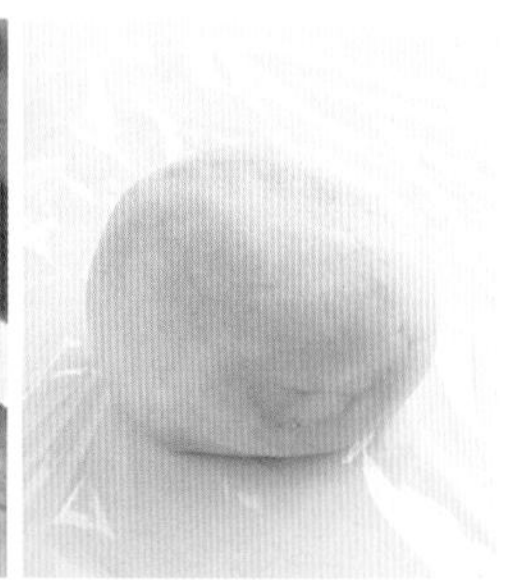

分成上（120g）下（150g）兩塊麵團，揉成圓滑球狀後，以保鮮膜包裹，並靜置冰箱冷藏半天～一晚。

※ 用保鮮膜確實包裹麵團的話，可保存於冰箱冷凍 2 星期左右，放入冷藏解凍後即可使用。

[擀開]

5

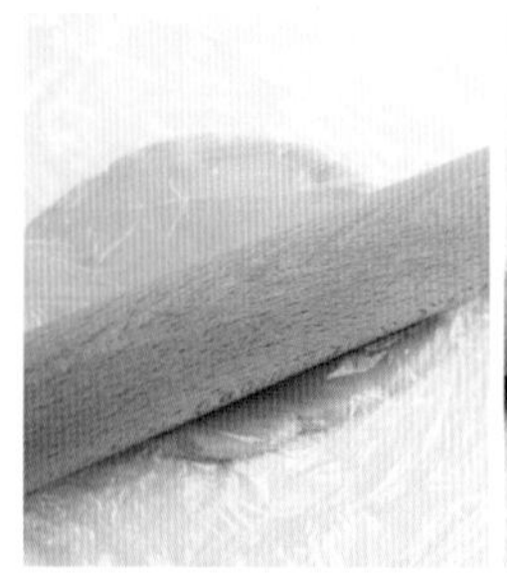

將麵團分別覆蓋保鮮膜，搭配鋁條（木條）以擀麵棍擀開成 3 mm厚度。這時要頻繁地撕開保鮮膜（保鮮膜黏在麵團上將無法擀開）。擀皮時不斷轉動麵團，讓作業範圍盡量靠近自己。從一半的位置處擀向自己，邊轉動邊擀開麵團才能塑成均勻的圓形。若擀麵棍擀超過麵團邊緣，將會使邊緣變薄，因此須特別留意。

point 在擀開塑型前，可先準備好冷凍的料理盤。當麵團變鬆垮時，只須擺上料理盤降溫，便能讓麵團變硬，繼續進行擀皮作業。

[填入塔模]

6

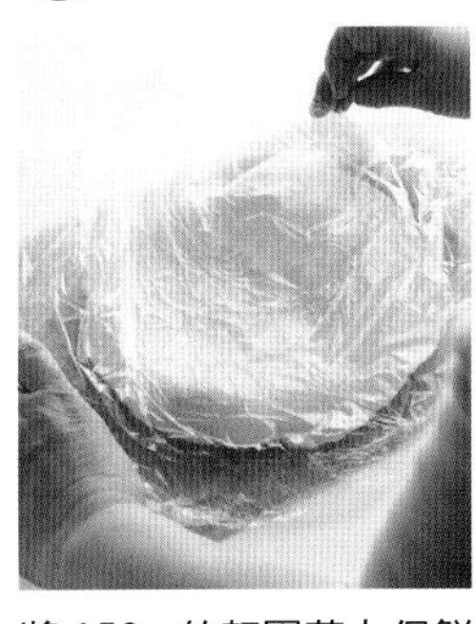

point 填入時，麵團的硬度也很重要，若太硬將會產生龜裂，務必特別留意。

point 在重複用烘焙紙進行填入塔模作業，烘烤則改用矽膠烤墊（參照P28）。

將 150g 的麵團蓋上保鮮膜，填入塔模中，過程中注意不可將保鮮膜塞入塔模縫隙。使用保鮮膜的話就不用撒手粉，整平表面時手指也能更滑順地按壓。不僅讓作業更輕鬆，還能確保麵團強度。120g 的麵團則是稍後才會使用，因此須以保鮮膜包裹並放入冰箱冷藏。

7

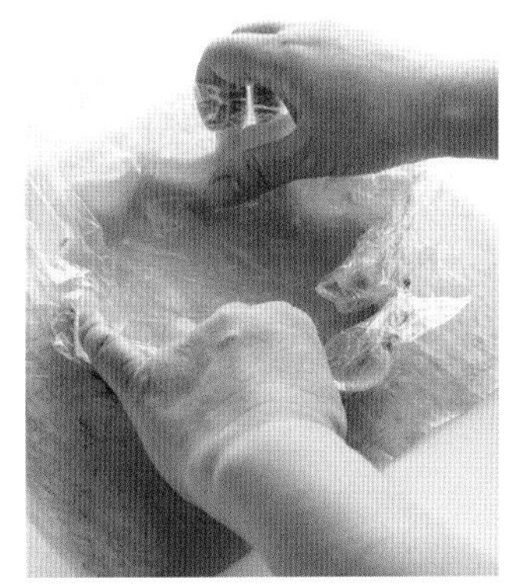

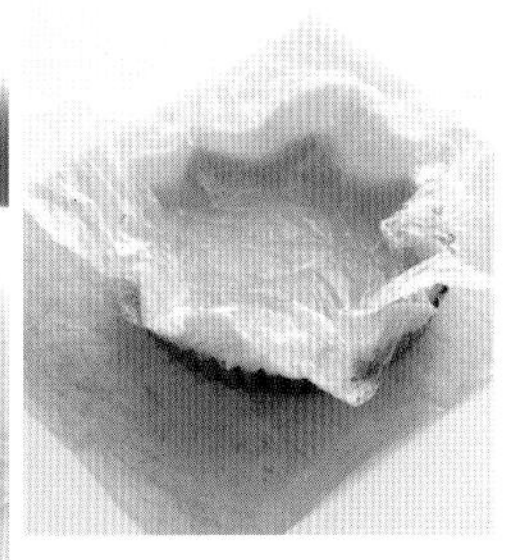

將整片塔皮拿起並開始填入作業，這時塔皮的硬度須能夠稍微彎曲。先從正中央填入，並立刻將塔皮豎起（避免塔模邊緣切斷塔皮）。

8

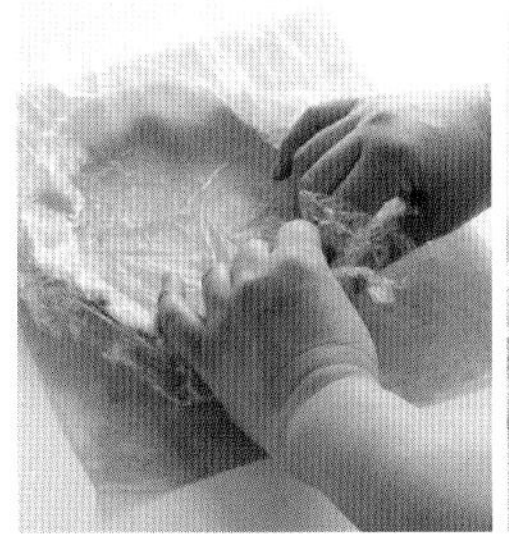

豎起塔皮後，以彎摺的方式將塔皮輕輕摺入塔模邊角，使其整個貼合（用力按壓不僅會留下指紋，還會使塔皮變薄）。

9

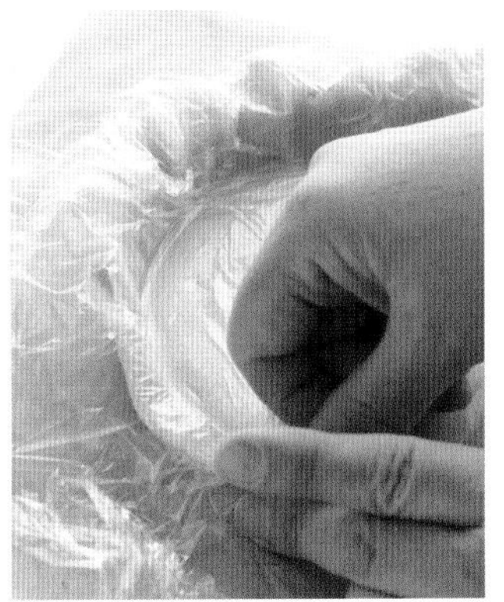

塔皮確實貼合盤底邊角後，再將豎起的塔皮整個攤開。

10

將塔皮稍微朝塔模邊緣的內側凹入，並於保鮮膜上方滾動擀麵棍，裁掉多餘的塔皮。

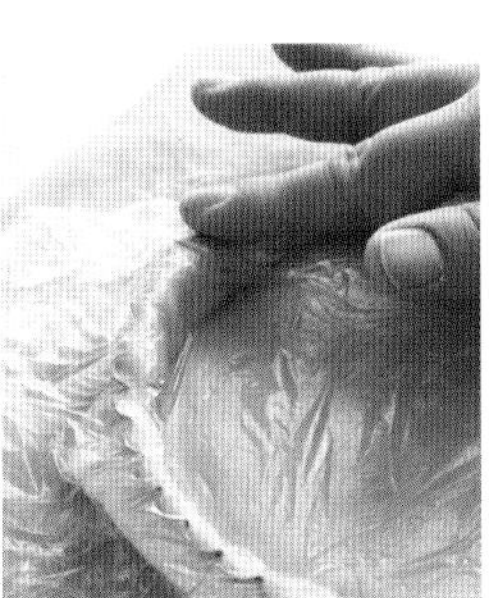

剝除裁掉的塔皮，將整塊塔皮塑型。

11

讓塔皮確實貼合邊緣。隔著保鮮膜塑型能讓手指滑動更順暢。以拇指頂住上方，避免塑型邊緣時塔皮突出。過程中若塔皮變軟，則可稍微冷藏後再繼續作業。

12

將整圈塑型完後，連同保鮮膜放入冰箱，冷藏至能從烘焙紙上拿起的硬度。

焦糖堅果糊

材料

直徑 14 cm 塔圈 1 個份

◆ 焦糖堅果

榛果……50g
杏仁……30g
核桃……35g
蜂蜜……10g
水飴……20g
微粒子精製白糖……80g
鮮乳……15g
鮮奶油（乳脂含量 36%）……40g
發酵奶油……20g

point 若只有使用蜂蜜會稍嫌濃郁，因此搭配添加水飴。

point 添加鮮乳後的焦糖味會比只有添加鮮奶油時來得更輕盈。

◆ 上色用蛋汁

全蛋（打散後過濾）……適量
Trablit 濃縮咖啡精華……適量
（亦可改以同量的熱水溶解即溶咖啡）

point 添加濃縮咖啡精華能讓烤出來的顏色更深。

事前準備

將堅果類放入 150℃的烤箱烘烤 5 分鐘左右。 榛果切成 1/2 ～ 1/4 大小， 核桃以手剝碎，杏仁同樣切成相當大小， 並保存於溫熱狀態。

將鮮乳與鮮奶油混合後，放入微波爐加熱。

point 溫度太低不僅會使焦糖凝固，還能避免倒入焦糖中時，因溫差產生的嚴重噴濺。

於攪拌盆擺放直徑 14 cm的塔圈，接著鋪入烘焙紙（無須剪邊）

[製作焦糖]

1

point 製作焦糖不可以刮刀攪拌，由於分量不多，刮刀會使焦糖附著其上，減少焦糖量。起泡處代表溫度上升，因此倒入砂糖時，要往氣泡處倒下。

將蜂蜜、水飴倒入鍋中加熱，開始起泡後，將全部的砂糖往氣泡處倒下。

2

將鍋具傾斜轉動，讓全部材料融化。

3

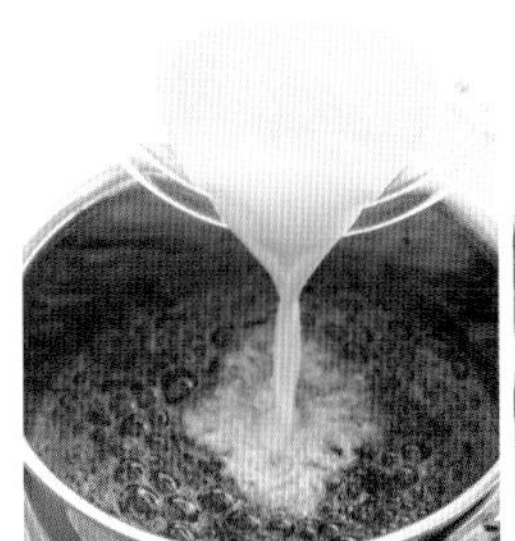

當焦糖加熱成深色後即可關火，加入全部的鮮乳及鮮奶油（會噴濺，注意別燙傷）後充分攪拌。

4

放入奶油，再次開火加熱。重新沸騰後，將鍋底浸入冷水中，避免溫度繼續上升。

point 煮到收乾變甜，會呈現糊狀。

[拌入堅果]

5

趁焦糖還帶溫度時，放入堅果加以拌合。

point 堅果在溫熱狀態下較容易與焦糖混合。

[靜置放冷]

6

倒入鋪有烘焙紙的塔圈，將堅果刮開攤平後放冷。

point 利用比塔皮小一圈的塔圈將焦糖堅果塑成圓形，能讓處理堅果糊的作業更加輕鬆。

※ 雖然可於前一天做好備用，但放於冰箱冷藏會使堅果糊變硬，屆時填入模型時會較難塑型。

[將堅果糊填入塔皮]

❶

將塔模擺放於矽膠烤墊上。

❷

待堅果糊放冷後，以手指塑型成能放入塔模的大小，並填入塔模中。

point 往下按壓會傷到塔皮，因此須朝周圍推開。

[蓋上塔皮]

❸

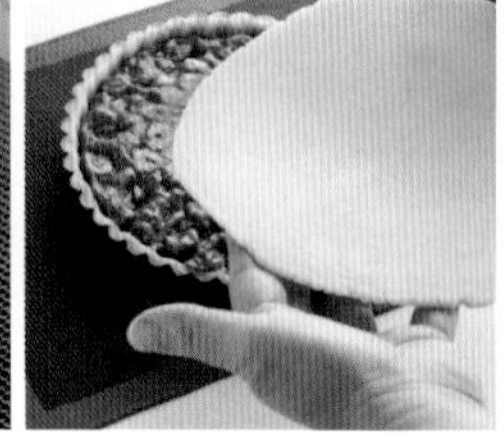

以刷毛塗抹上色用（全蛋）蛋汁，接著蓋上已經擀開的 120g 塔皮。

❹

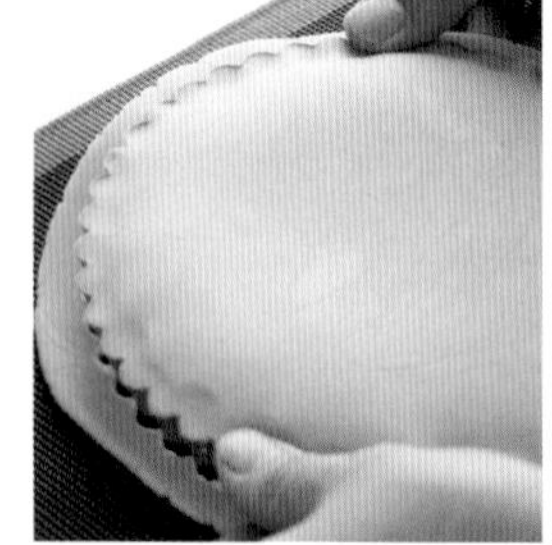

以手指按壓切斷外露的塔皮，使塔皮密合。接著以手指按壓邊緣塔皮，使其稍微下凹。

以刷毛塗抹蛋汁，放入冰箱冷藏，使表面變乾。

point 烘烤時邊緣的塔皮容易隆起，按壓後能讓烤出來的成品更漂亮。

❺

將步驟❹剩餘的蛋汁加入濃縮咖啡精華，並再次塗刷表面。

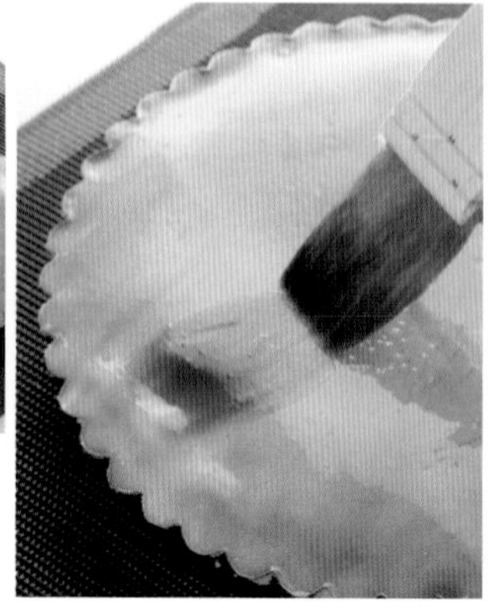

[畫出造型]

6

趁蛋汁未乾前描繪紋樣。用竹籤標記出中心點，以叉子等用具刮出線條，並戳出透氣孔。

point 每刮一次就以餐巾紙將叉子拭淨，能讓畫出來的紋樣更漂亮。

[烘烤]

7

放入 160℃的烤箱烘烤 25 分鐘，烤盤轉 180° 後再烘烤 10 分鐘左右。

8

放冷後，脫模。

※ 放入閉密容器並置於陰涼處可保存 3 ～ 4 天。

驗證①

Vérification No.1

使用冰冷奶油與
軟化奶油會有何差異？

塔皮塌軟不易握持，
口感也會出現落差

延續 P18 ～ 19 酥餅驗證①所得到的結論，我開始思考若維持配方比例，但改用軟化奶油製作麵團是否會增加製作上的難度，並進行了驗證。

除了奶油以外，統一以基本作法（P82 ～ 84）製作。

使用冰冷奶油製作的塔皮麵團硬挺，能維持塔皮既有的形狀，烘烤後的口感紮實。

使用軟化奶油製作的塔皮容易立刻塌陷，因此填入塔模的動作要夠迅速。塔皮不易握持會使厚度不均，塔皮本身也較容易破裂。烘烤後的口感酥脆輕盈。

這次的焦糖堅果使用較濃郁的堅果糊製成，與質地紮實的塔皮較相搭，因此適合使用冰冷奶油製成的塔皮。

各位不妨實際製作，比較看看光是一個奶油溫度就能對烤出爐的塔皮帶來多大影響。

依照基本作法（P82～84），
使用冰冷奶油製作的塔皮

使用軟化奶油製作的塔皮

置於室溫 30 分鐘後的塔皮

驗證②

Vérification No.2

維持相同配方比例，
不同種類的麵粉會有何差異？

粉味改變，
口感也不同

法式塔皮雖然使用中高筋麵粉，但我也驗證了使用一般低筋麵粉時會有何差異。

統一以基本作法（P82～84）製作，並烘烤10㎜厚的成品進行比較。

麵粉就像是支撐住麵團的基底，而這個基底擁有的力量，則取決於麵粉所含的蛋白質含量及麩質質地（參照P8）。

「法國粉」的蛋白質含量為12%，屬中高筋麵粉。帶厚度的紮實口感，光品嚐就能得到相當的飽足感，同時擁有不會輸給濃郁內餡的口感。

「紫羅蘭」的蛋白質含量則為7.8%，屬低筋麵粉，第一口咬下時會讓人覺得輕盈酥脆。

上述兩種配方並無所謂的對或錯，各位只須思考希望烤出來的成品是怎樣的狀態，並與內餡相搭配，來決定作法即可。

依照基本作法（P82～84），
使用中高筋麵粉（法國粉）製作的成品

使用低筋麵粉（紫羅蘭）製作的成品

驗證③

Vérification No.3

依照內餡種類
試著改變塔皮配方？

改變塔皮配方後
製成的起司塔

使用奶油乳酪製成的內餡，再搭配上覆盆子果醬，營造出既濃厚又柔和的風味。為了能支撐住較軟的內餡，這裡減少了塔皮的杏仁粉量，並增加中高筋麵粉的用量。

起司塔

材料

作法

◆ 塔皮

直徑 16 cm活動式菊花塔模 1 個份

杏仁粉……25g
糖粉（含寡糖）……45g
中高筋麵粉（法國粉）……120g
發酵奶油……60g
全蛋……20g

製作塔皮麵團，並填入塔模中（同 P82～86）。

將步驟❹的麵團等分為 135g 並以保鮮膜包裹，靜置冰箱冷藏，一個起司塔須使用 135g 的麵團。

※ 剩餘的麵團以保鮮膜確實包裹後，可保存於冰箱冷凍 2 星期左右。

◆ 起司內餡

直徑 16 cm活動式菊花塔模 1 個份

奶油乳酪……100g
微粒子精製白糖……30g
全蛋……40g
鮮奶油（乳脂含量 36%）……80g
鮮乳……30g
檸檬汁……20g
檸檬皮……1/2 顆分
低筋麵粉（紫羅蘭）……8g

事前準備

將奶油乳酪置於室溫放軟

1. 將砂糖全數加入奶油乳酪中。
2. 加入全蛋，攪拌至滑順狀態。加入鮮奶油與鮮乳後繼續攪拌，使其變滑順。
3. 加入檸檬汁後，攪拌混合（加入檸檬後會變稠）。接著加入低筋麵粉，混合至看不見結塊。
4. 過濾 3，加入檸檬皮。
5. 將填好塔皮的塔模放置於矽膠烤墊上。
6. 倒入 4，以擠花袋四處擠入覆盆子果醬，注意不可太過突出表面（過度突出會在烘烤時噴出，影響視覺美觀）。
7. 放入 160℃的烤箱烘烤 20 分鐘，烤盤轉 180° 後再烘烤 5 分鐘左右。

※ 將完成的起司塔放入冰箱冷藏，並於隔天內食用完畢。

◆ 覆盆子果醬

使用適量即可

覆盆子果泥……125g
（La Fruitière 果泥 加糖 10%）
檸檬汁……8g
果膠（果醬用）……5g
微粒子精製白糖……50g

將果泥、檸檬汁倒入鍋中加熱，將果膠與砂糖混合後，以邊攪拌邊倒入鍋中的方式烹煮收乾汁液。冷卻後放入擠花袋中備用。

※ 密封冷藏可存放 1 週左右。

column 4

關於留住美味的方法

相信不少人做糕點是為了送人。
但我們都希望交到對方手上的東西即便放了一段時間還是能保有「美味」。
這裡將介紹我自己的糕點攜帶方式與保存方法。

泡芙的外殼與內餡要分開放

若要拿泡芙做為自備料理，就必須將泡芙殼與內餡分開。品嚐前再擠入內餡將能充分保留外殼的口感，更是泡芙美味的關鍵。
將外殼放入密封容器，並準備裝好奶油餡的擠花袋Ⓐ以及套好花嘴的擠花袋Ⓑ只要剪掉Ⓑ的前端，露出花嘴，接著放入剪掉前端的Ⓐ，就能立刻擠出奶油餡。

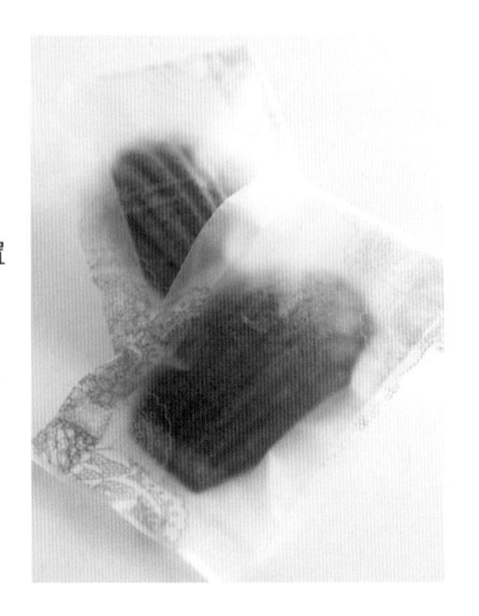

個別包裝以維持最佳狀態

像是費南雪這類使用大量奶油的糕點經放置後，表面會變得溼潤。有時甚至會互相黏住，因此建議用封口機做個別包裝。
其他像是厚燒奶油酥餅、蘭姆葡萄夾心餅乾、達克瓦茲等糕點在送人時，都建議個別包裝。

Lesson 06

派
（法式蛋塔）

Pie

派（法式蛋塔）

Pie

揉入奶油的派皮麵團，搭配上猶如卡士達醬的法式烤餡（Appareil à flan）。
我重現了在巴黎品嚐到的感動滋味。法式蛋塔感覺就像輕食點心，
常見於法國市集等處的糕點，基本上會切片後販售。
由於能夠發揮素材本質，因此務必選用優質雞蛋與奶油製作。
麵團添加了蛋黃後，還能增添些許華麗風味。
使用鮮乳及鮮奶油製作內餡，展現濃郁滋味。

材料

直徑 15 cm × 高 3 cm圓形慕斯圈 1 個份

◆ 塔皮麵團

中高筋麵粉（法國粉）……125g
鹽……2g
微粒子精製白糖……5g
發酵奶油……75g
蛋黃……10g
鮮乳……20g

※ 將蛋白和鮮乳融合在一起。

◆ 塔皮用蛋汁

全蛋（打散後過濾）……適量

事前準備

將中高筋麵粉、砂糖、鹽混合後，置於冰箱冷凍備用。

將奶油切成 1 cm塊狀，放入冰箱冷藏。

[混合材料]

1

將冰冷的粉料、奶油放入食物處理機，攪拌至整體變黃，且看不見奶油顆粒。

2

在攪拌過程中，加入已事先混合好的蛋黃與鮮乳，繼續攪拌至細鬆狀。

[靜置麵團]

3

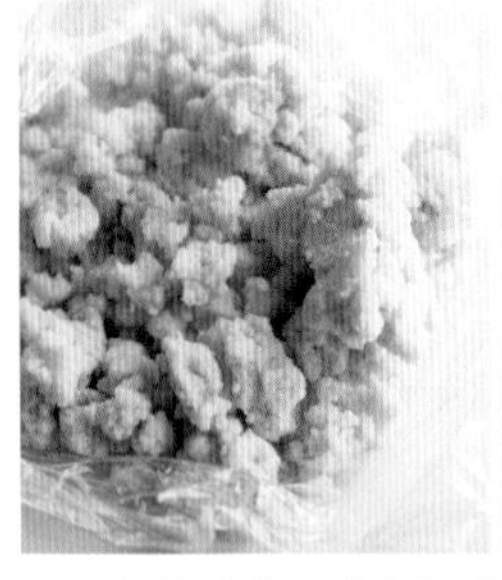

取至保鮮膜上，確實捏成塊狀，避免事後龜裂。壓平後，置於冰箱冷藏一晚，靜置過後的麵團將更好作業。

※ 用保鮮膜確實包裹麵團的話，可保存於冰箱冷凍 1 星期左右，放入冷藏解凍後即可使用。

[擀開]

4

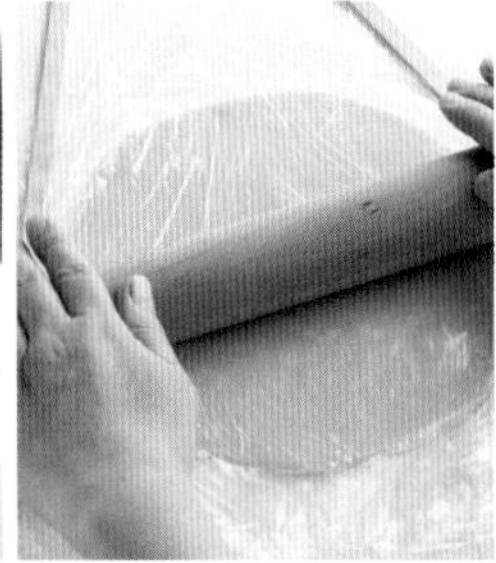

從冰箱冷藏取出後，搭配鋁條（木條）以擀麵棍擀開成 2 ～ 3 ㎜厚度。再次放入冰箱冷藏約 30 分鐘左右，讓硬度（托起時只會稍微下塌的程度）足以進行填入模型作業。

point 擀皮時不斷轉動麵團，讓作業範圍盡量靠近自己。從一半的位置處擀向自己，邊轉動邊擀開麵團才能塑成均勻的圓形。

point 當麵團變鬆垮時，可擺放於冷凍過的料理盤上繼續擀開，也可偶爾放回冰箱冷藏靜置片刻。

[填入麵團]

5

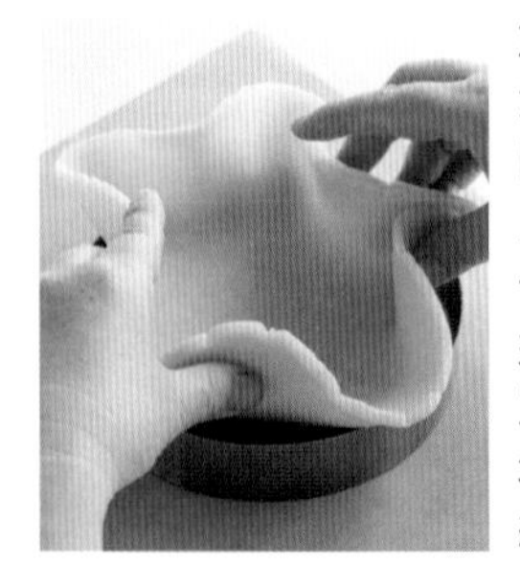

於重複用烘焙紙塗抹奶油（分量外），擺上慕斯圈，接著填入麵團。將整片塔皮拿起並開始填入作業，這時塔皮的硬度須能夠稍微彎曲。先從正中央填入，並立刻將塔皮豎起（避免塔模邊緣切斷塔皮）。

6

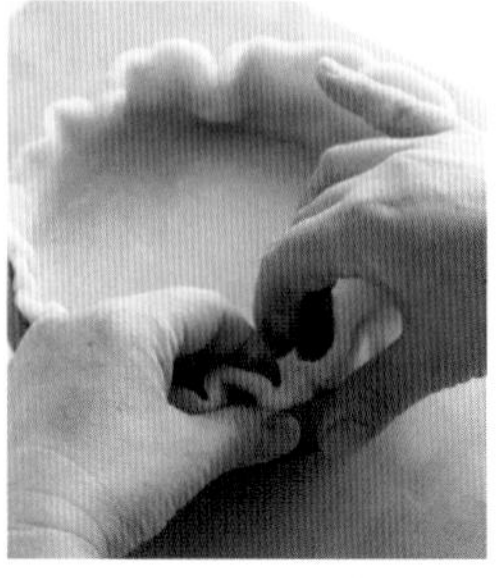

豎起塔皮後，以彎摺的方式將塔皮輕輕摺入塔模邊角，使其整個貼合（用力按壓不僅會留下指紋，還會使塔皮變薄）。

7

塔皮確實貼合盤底邊角後，再將豎起的塔皮整個攤開。

8

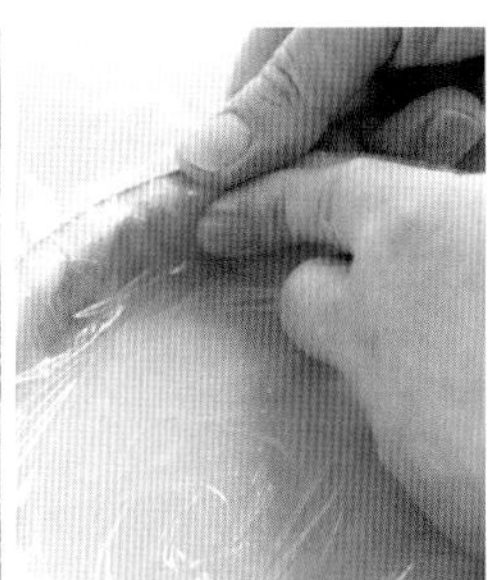

覆蓋保鮮膜，滾動擀麵棍並裁掉多餘的塔皮後，讓邊緣的麵團整個貼合模型。放入冰箱冷藏至能從烘焙紙上拿起的硬度。

9

將模型擺放於矽膠烤墊（參照P28）上，並用叉子戳出透氣孔。

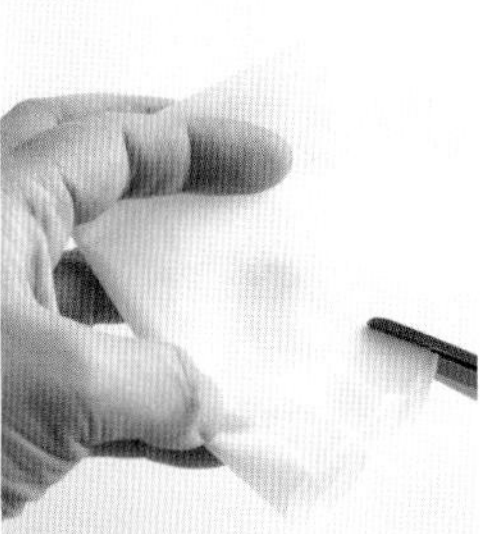

取高度與模型等高的烘焙紙，剪出切痕後，鋪入模型中。

point 烘焙紙的高度與模型等高將能讓皺褶痕跡較淡，同時烤出漂亮的邊緣。

[烘烤]

11

擺放重石，放入 180°C 的烤箱烘烤 12 分鐘，烤盤轉 180° 後再烘烤 8 分鐘左右。

取出重石（用湯匙撈出）及烘焙紙，塗刷塔皮用蛋汁，再次放入 180°C的烤箱烘烤 5～10 分鐘。

法式烤餡

材料

直徑 15 ㎝ × 高 3 ㎝圓形慕斯圈 1 個份

◆ 內餡

低筋麵粉（紫羅蘭）……9g
微粒子精製白糖……65g
玉米粉……9g
蛋黃……75g
鮮乳……220g
鮮奶油（乳脂含量 36%）……50g

point 若想讓內餡更濃郁，可改用 200g 鮮乳及 70g 鮮奶油。

◆ 上色用蛋汁

全蛋（打散後過濾）……適量

[混合材料]

❶

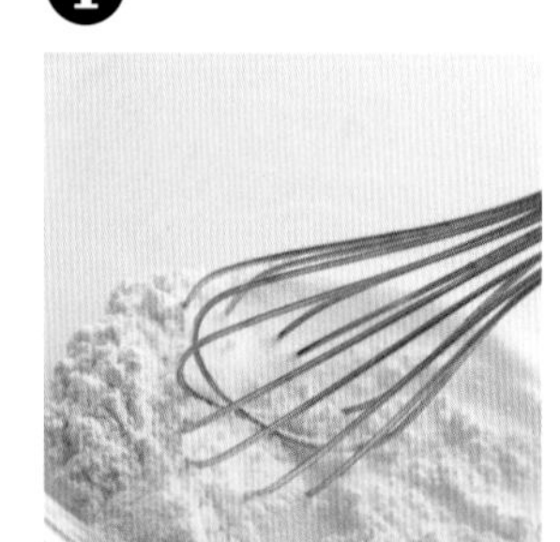

將低筋麵粉、砂糖、玉米粉放入攪拌盆中混合。

point 這是能避免蛋黃結塊的特別攪拌法。

❷

取部分鮮乳，倒入❶的盆中，以打蛋器攪拌混合。

加入蛋黃混合。

❹

另取容器混合剩餘的鮮乳及鮮奶油，以微波爐等充分加熱至冒煙，倒入❸後攪拌混合。

[充分烹煮]

5

邊過濾邊倒入鍋中，以打蛋器攪拌並以大火加熱。

6

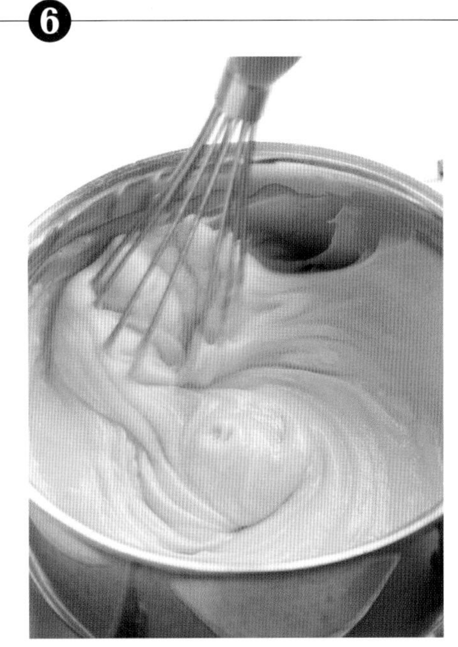

當整個煮沸冒泡，且內餡會從鍋子邊緣處自然剝落時，即代表完成。

[將內餡倒入塔皮]

7

將剛煮好的內餡❻立刻倒入剛出爐的塔皮，並將表面整平。

8

稍等 5 分鐘待表面變乾，且形成薄膜時，便可塗刷上色用的蛋汁。

point 塗抹蛋汁後，表面會更容易烤出顏色。

[烘烤]

9

放入 170℃的烤箱烘烤 15 分鐘，依照烤出來的顏色，再加烤 5 ～ 10 分鐘。

point 若側面不易烤出顏色時，亦可在烘烤途中取下模型。

※ 放入閉密容器並置於陰涼處可保存 1 ～ 2 天，但建議還是盡早食用完畢。

驗證①

Vérification No.1

維持相同配方比例，
不同種類的麵粉會有何差異？

取決於想要紮實的風味與口感，
還是酥脆口感及稍偏輕盈的風味

即便同樣是塔皮麵團，但每個食譜的配方都不盡相同，使用的麵粉也相當多樣。麵粉質地不同，吸水率也會有差異，因此這裡針對了不同麵粉所產生的差異進行驗證（參照 P8）。

統一以基本作法（P98 ～ 100）製作。

若使用屬於中高筋麵粉的「法國粉」，那麼品嚐時的口感會稍硬且帶嚼勁。單獨品嚐塔皮本身的風味也會變得更強烈。

若是使用「紫羅蘭」這支最具代表性的低筋麵粉，那麼入口時會讓人覺得立刻散開，口感酥脆又輕盈，風味表現上也偏向清爽。

上述兩種配方並無所謂的對或錯，各位只須思考希望烤出來的成品是怎樣的狀態，以及與內餡的搭配性，來決定作法即可。

依照基本作法（P98～100），
使用中高筋麵粉（法國粉）製成的塔皮

使用低筋麵粉（紫羅蘭）製成的塔皮

驗證②

Vérification No.2

維持相同配方比例，
不同種類的奶油會有何差異？

能直接感受到
來自奶油本身的馥郁風味

只要簡單的材料就能製作出塔皮麵團。我思考著若改變使用的奶油種類，是否會使味道產生差異，並進行了驗證確認。

統一以基本作法（P98～101）製作。

基本配方的奶油占比較重，因此能直接感受到奶油及其風味與香氣。

若特別使用風味強烈的發酵奶油，將能感受到馥郁香氣，並讓人留下連塔皮本身也變得格外美味的印象。

使用非發酵奶油製作的話，風味雖然會稍偏柔和，但仍是美味十足的塔皮。

若選擇使用海外奶油，有時會出現含水量不同的情況，這時就必須調整水量。

依照基本作法（P98 ～ 101），
使用發酵奶油製成的塔皮

使用非發酵奶油製成的塔皮

驗證 ③

Vérification No.3

若將麵團的蛋黃改成全蛋，將鮮乳用水替代的話？

會成為適合與重口味內餡相搭，口感紮實且雞蛋風味濃郁的塔皮

我驗證了若將負責讓塔皮成型的水分做調整，會產生怎樣的差異。

塔皮麵團的作法配方相當多樣，有些只使用水，有些則會改用鮮乳來替代水分。

這裡要介紹的是在蛋汁中添加大量起司、培根、炒熟洋蔥的法式鹹派。洋蔥經慢火熱炒，使重量減至一半以下後極為甜美，能增加鹹派的風味深度。

紮實的派皮口感搭配上濃郁的雞蛋風味，表現可說是完全不輸給使用有鮮奶油及起司的豪華內餡。

會將內餡醬分兩次倒入，是為了避免烘烤時溢出。先將鹹派烘烤至表面形成薄膜，再於中間挖洞倒入剩餘內餡醬的話，就無須擔心醬汁溢出，讓鹹派裝有滿滿的內餡醬。

法式鹹派

材料

直徑 15 ㎝ × 高 3 ㎝圓形慕斯圈 1 個份

◆ 塔皮麵團

中高筋麵粉（法國粉）……100g
發酵奶油……45g
鹽……1.2g
全蛋……20g
水……15g

事前準備

將中高筋麵粉、鹽混合後，放入冰箱冷凍備用。

◆ 鹹派餡料

洋蔥……350g
太白胡麻油……2 大匙
培根塊……50g
康堤起司（方塊狀）……40g

◆ 內餡醬

全蛋……50g
蛋黃……20g
鮮奶油（乳脂含量 36%）……120g
鮮乳……80g
康堤起司（磨碎）……25g
鹽……1.5g
黑胡椒、
紅辣椒粉、
肉豆蔻……各適量

◆ 塔皮用蛋汁

全蛋（打散後過濾）……適量

※ 以太麻胡麻油將洋蔥慢慢地炒軟至 125g，可蓋上鍋蓋，以蒸煮的方式烹調，記住不可過焦。

※ 將培根切成條狀，平底鍋塗抹些許油（分量外）後，下鍋熱炒。

作法

1. 製作內餡醬時，先將康堤起司除外的材料全部混合並過篩。過篩後再加入起司。
2. 製作塔皮麵團，並填入模型中。接著鋪上烘焙紙並擺上重石（同 P98 ～ 101）。
3. 放入 180℃的烤箱烘烤 15 分鐘，烤盤轉 180° 後再烘烤 10 分鐘左右。取出重石及烘焙紙後，塗抹塔皮用蛋汁。
4. 放入炒過的洋蔥、切成方塊的康堤起司、培根，倒入 2/3 左右的 **1** 內餡醬後，放入 160℃的烤箱烘烤 10 分鐘。
5. 於表面中間處挖出小洞，倒入剩餘的內餡醬，再次烘烤 10 分鐘。烘烤時間總計約 35 分鐘。這時會剩下些許的內餡醬。

※ 若有剩餘的內餡醬，可將蒸過的馬鈴薯（片狀）排列在耐熱容器中，並澆淋內餡醬，放入烤箱烘烤後就是一道焗烤風味料理。

column 5

關於法國

對於鍾愛糕點的我而言，法國果然還是個特別的存在。
接著就讓我來聊聊最初造訪時的意外理由、在當地感受到的事物，
以及如何活用所學經驗。

我現在每 1 ～ 2 年都還是會前往巴黎，參加專業研習或是為一般家庭開設的課程，會這麼做是因為「想從中學得某些新事物」。一開始會去巴黎，其實只是因為日本的法式糕點怎樣都不合我的胃口…於是興起了想品嚐正宗美味的念頭。就在當時，我申請了世界各地專業職人會前往研修的糕點學校，並報名參加課程。

在那裡除了能學到最正宗的料理食譜外，對我而言還有更大的發現，那就是雞蛋特性上的大幅差異、乳製品及水果的美味程度整個贏過日本，以及麵粉粗細度等，素材本身的表現與日本完全迥異。此外，我還發現日本人有時會太過專注於枝微末節的事物上。

還記得那時我整個恍然大悟「法國的食譜其實不能直接拿回日本使用，原來每位師傅都很努力地在琢磨研究啊！」有了這樣的體認後，我更意識到「解讀食譜」的重要性。

我雖然會參考法國食譜的組合方式，但不會原封不動地套用，理由有可能是日法的材料存在明顯差異，或是日本的材料選擇相對多元。舉例來說，在法國吃到法式蛋塔雖然美味，但在日本若使用低筋麵粉製作就會稍嫌不到位，這時我會調整改用中高筋麵粉。像這樣地雕琢食譜，或許才是我真正在法國經驗中學到的事物。

讓現在的我不受限於法式糕點的框架中，而是能創作出屬於自己的糕點。

Lesson 07

泡芙

Choux à la crème

泡芙

Choux à la crème

卡士達醬與鮮奶油搭配後的濃郁滋味。
為了能與充滿香草香氣的滑順奶油餡搭配，
刻意將泡芙殼烤到口感紮實。
想要烤出有著漂亮空洞的泡芙殼，最大關鍵在於添加雞蛋的方法。
將內餡與泡芙殼分開放，
品嚐時再立刻擠餡的吃法可是相當受歡迎。

材料

直徑 45 mm 16 顆份

◆ 泡芙殼

鮮乳（常溫）……160g
發酵奶油……60g
鹽……2g
微粒子精製白糖……4g
中高筋麵粉（法國粉）……90g
全蛋……約 145g
（用量取決於煮沸方法，因此僅提供參考量）

point 使用中高筋麵粉較能展現出泡芙殼的存在感。

point 將材料放回常溫備用。水分（鮮乳）在冰冷狀態下的煮沸時間較長。若水分沸騰，冰冷奶油尚未完全融解，同樣會拉長加熱時間，導致水分減少（參照 P120 ～ 121 驗證①）。

◆ 泡芙殼用蛋汁

全蛋（打散後過濾）……適量

◆ 裝飾用

杏仁角……適量

事前準備

將奶油切成 1 cm塊狀，放置常溫使其不再冰冷。

將雞蛋置於常溫。或是放置於微波加熱過的溼抹布上，使其不再冰冷。

point 雞蛋冰冷會使麵糊也變冷，增加擠餡難度。

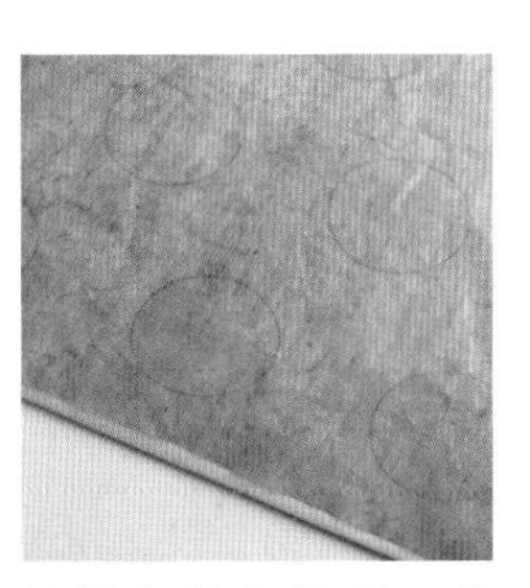

於紙上畫直徑 45 mm的圓，並鋪在可重複使用的烘焙紙下方。

過篩中高筋麵粉。

point 製作時會一次加入所有鮮乳，這時粉料較容易結塊，因此須事先過篩。

[邊加熱邊混合材料]

❶

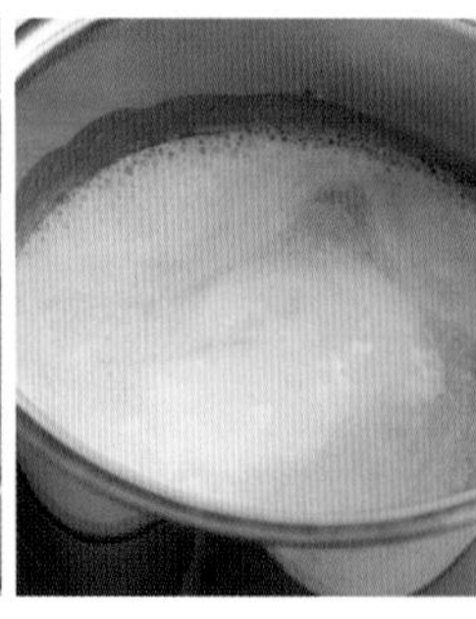

將鮮乳、奶油、鹽、砂糖倒入厚底鍋中，開火加熱，火焰大小不可超出鍋底，輕輕攪拌至中間開始沸騰。

point 鍋子厚度不足，受熱過強會出現焦掉的情況。由於加熱時較難掌握鍋底是否有形成薄膜，因此須使用非鐵氟龍材質的鍋具。

point 由於一次的製作量較少，過度攪拌會使水分嚴重流失，因此只須攪拌至奶油沒有結塊即可。

point 材料沸騰時，最好奶油也開始融化。

❷

關火，一次加入所有的中高筋麵粉，以刮刀迅速攪拌。

point 攪拌至大致結成塊狀。若無法結塊就表示①的煮沸程度不足。

❸

結成塊狀後，再次開火。

❹

加熱至鍋底形成薄膜。

point 步驟①時若有充分煮沸，就能在極短的時間內形成薄膜。這裡一旦過度加熱就會滲油，且無法順利進行後續作業。

[製作麵糊]

❺

關火，將麵糊移至攪拌盆。

6

取一半的全蛋蛋汁，倒入❺的攪拌盆，以刮刀縱切的方式，讓雞蛋充分與麵糊融合。若無法充分融合時，則可將攪拌盆斜放，用刮刀畫圓的方式使其充分混合。

7

分三次加完剩餘的蛋汁，每次添加後都必須充分混合。

point 一開始的添加量較多，其後則是逐量加入，藉此調整軟硬度。但若每次的添加量過少，拉長作業時間的話，反而會使麵糊的溫度下降。

point 加入蛋汁的次數越多，內層形成的薄膜也就會愈多，相對地結塊情況也會較嚴重，但結塊不影響口感，因此無須過度在意。

8

目標的成品必須是用刮刀挖起大量麵糊滴落後，刮刀上剩餘的麵糊呈現漂亮的三角形（蛋汁無須全部用完）。

point 麵糊的軟硬度相當重要，若是答答答的滴落表示太稀，將無法烤出漂亮的形狀。

point 麵糊從刮刀上滴落時，若能形成漂亮的三角形，就不用繼續添加蛋汁。煮沸的方法同樣會影響蛋汁添加量。

[擠麵糊]

9

趁泡芙麵糊還溫熱時，倒入裝有約 12 ㎜圓形花嘴的擠花袋中，擠出 16 個直徑 45 ㎜的圓形。

point 麵糊趁熱會比較好擠，就算擠完的麵糊變冷，只要沒有乾掉就不會影響成品。

point 若是使用旋風式烤箱，建議在重複用烘焙紙上擺放重石，或是將剩餘的麵糊擠貼在烤墊內側。

10

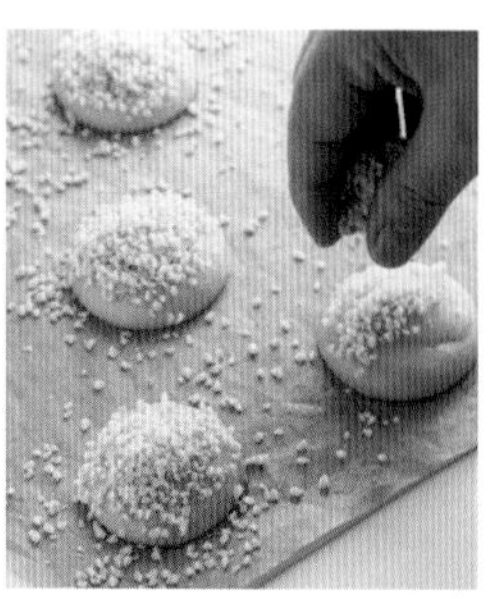

塗刷麵糊用蛋汁，在蛋汁乾掉前撒入大量杏仁角。

point 塗刷的蛋汁不可多到滴垂至烤紙上，這樣會使蛋汁黏住烤紙，導致泡芙麵糊無法膨脹。

[烘烤]

11

放入預熱至 200℃的烤箱，以 160℃烘烤 30 分鐘，烤盤轉 180° 並調整上下位置後再烘烤 10 分鐘左右，烤完後繼續放在烤箱中直到冷卻。

point 務必拉高烤箱預熱溫度。

point 烘烤過程中勿開啟烤箱（參照 P128 驗證⑤），須等到泡芙出現裂痕，且烤出顏色時再轉烤盤。

point 將泡芙殼繼續放在烤箱中直到冷卻，才能讓泡芙變得酥脆。

point 若泡芙殼無法膨脹，有可能是擠完後放置的時間過長，導致麵糊乾掉。

卡士達鮮奶油餡

材料

直徑 45 ㎜ 16 顆份（可能會剩餘）

◆ **餡醬**

鮮乳	400g
香草莢	1/2 根
微粒子精製白糖	100g
低筋麵粉（紫羅蘭）	15g
玉米粉	15g
蛋黃	100g
發酵奶油	45g
鮮奶油（乳脂含量 36～46%）	100g

事前準備

- 將剝開香草莢後取出的香草籽及空莢放入鮮乳中。香草香氣主要是從莢體散出（空莢能夠充分再利用。參照 P118）。
- 將砂糖、低筋麵粉、玉米粉混合並過篩。
- 備妥冰冷奶油。
- 將裝有鮮奶油的攪拌盆覆蓋保鮮膜，整個放入冰箱冷藏。

[混合材料]

❶

將混好的粉料倒入攪拌盆，並以打蛋器攪拌。

point 能避免粉結塊。

❷

取部分鮮乳倒入❶的攪拌盆正中央，攪拌混合後，再加入蛋黃，輕輕攪拌。

❸

將剩餘的鮮乳以微波爐加熱至冒煙，加入❷並充分混合。

[充分烹煮]

❹

倒入厚底鍋具中，火焰大小不可超出鍋底，不停攪拌加熱。開始結塊時，便可加快攪拌速度。

❺

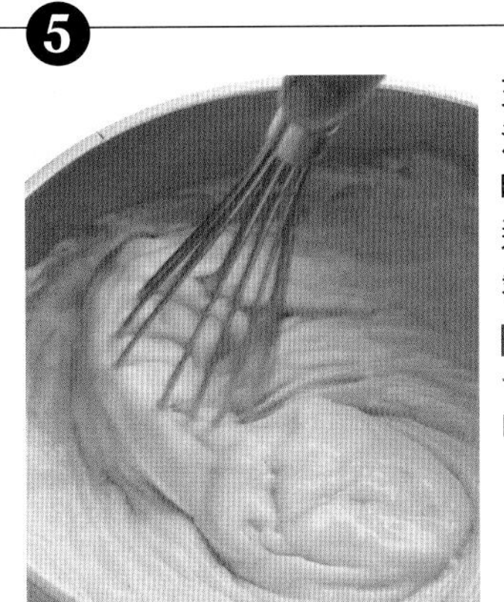

充分烹煮至中間開始冒泡。餡醬經烹煮後，攪拌時的手感會變輕，餡醬還會從鍋子邊緣處自然剝落。

point 若未充分烹煮，卡士達醬最後會變粉粉的。

❻

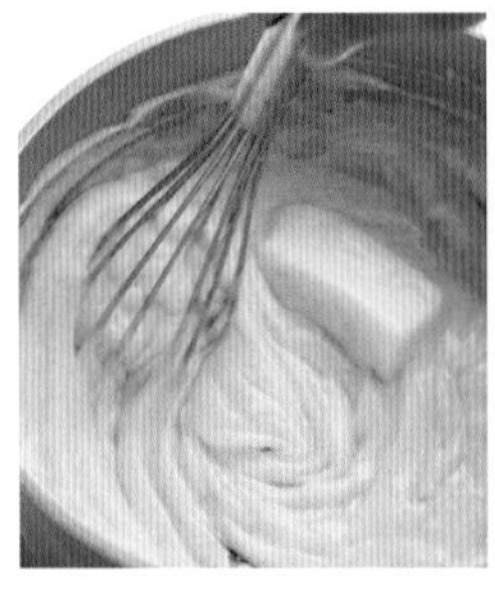

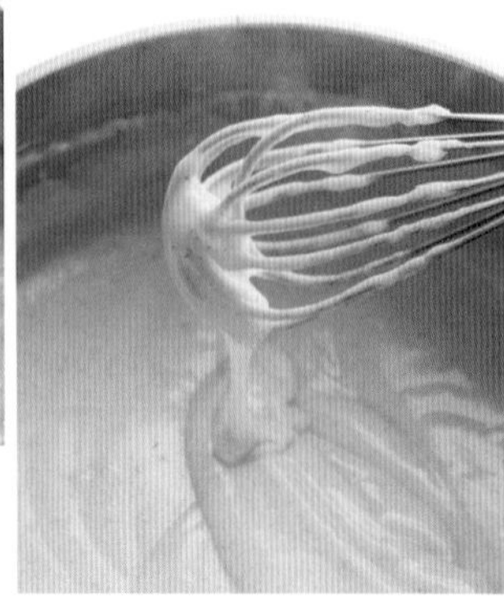

將鍋子拿離火源，加入冰冷奶油。立刻以打蛋器充分攪拌。

point 放奶油是為了增添風味。

❼

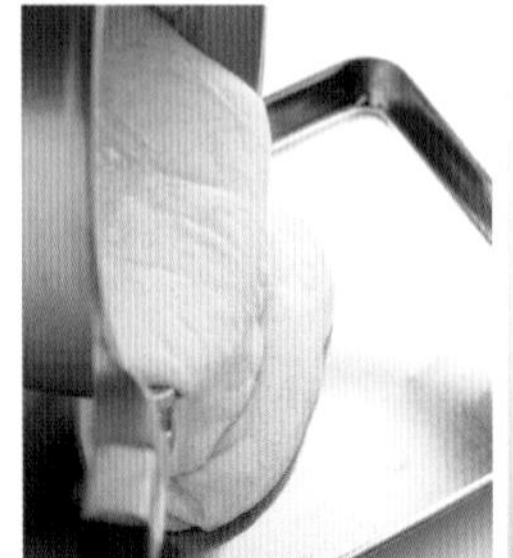

倒入料理盤，用保鮮膜整個貼合覆蓋。於料理盤上下擺放保冷劑，使溫度急速下降。

point 貼合覆蓋保鮮膜，杜絕與空氣接觸。若保鮮膜與溫熱的卡士達醬間產生空隙就會形成水滴，並可能導致腐敗。

point 急速降溫是為了讓卡士達醬盡速脫離細菌容易繁殖腐敗的溫度範圍。雞蛋的蛋黃比蛋白更容易腐敗。

point 確實鋪蓋保冷劑，並偶爾將保冷劑翻面。

[完成餡醬]

❽

待完全冷卻後，以篩網過篩，篩掉雞蛋的繫帶與香草空莢。

point 以篩網過篩時可搭配使用刮板。只須刮壓就能讓餡醬通過篩網。若是用不斷攪動的方式過篩，將會使餡醬失去稠度。

❾

將❽移至攪拌盆，用打蛋器輕輕混合直到變柔順。

point 若想讓擠出的餡醬能維持住形狀，就不可攪拌過度。

※ 香草莢充分再利用

將用完的香草空莢放乾，乾到能以手折斷，接著放入調理機打碎。

以篩網過篩後，再將剩餘的碎末放入「研磨機」，重覆此步驟直到香草空莢完全變成細粉。

製作餅乾時可添加少量細粉，以增加香草香氣。

10

將放有冰冷鮮奶油的攪拌盆底浸入冰水中，充分打發使鮮奶油變硬挺。

point 想讓擠出的餡醬能維持住形狀，就必須將鮮奶油打發至偏硬的程度，記住須使用乳脂含量較高的鮮奶油。

11

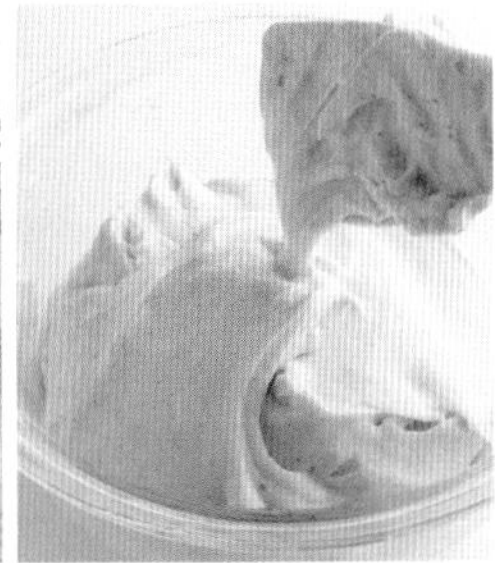

將⑩分三次加入⑨的攪拌盆中並攪拌混合。

point 第一次須邊轉動攪拌盆，邊以打蛋器充分攪拌。第二次則以讓餡醬不斷通過打蛋器鋼絲之間的方式攪拌。切勿胡亂攪拌，而是必須以打蛋器由下而上撈起，輕柔攪拌，避免破壞氣泡。第三次則是以刮刀將整個攪拌均勻。

※ 餡醬須在隔日內使用完畢。

[擠餡醬]

1

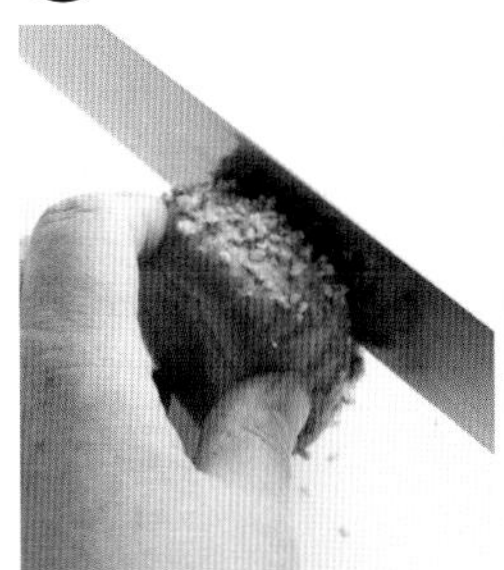

從頂端 1/3 處將泡芙殼切開。

2

把餡醬倒入裝有約 12 mm圓形花嘴的擠花袋中，並將餡醬擠入下方的泡芙殼中，接著蓋上上方的泡芙殼。

point 花嘴口愈大，愈能擠出不留擠痕的漂亮餡料。

驗證①

Vérification No.1

將所有材料放至常溫，以及帶溫差狀態下會出現怎樣的差異？

改變麵糊的含水量

在 P114 的步驟❶中，我將鮮乳、奶油、鹽、砂糖倒入厚底鍋中並加熱至中間沸騰。

奶油若在冰冷狀態下加熱，那麼待所有材料完全融解時，水分也會嚴重消失，如此一來會使麵糊的含水量變少。觀察照片便可發現，泡芙殼周圍變得很乾。

再者，含水量變少也會導致麵糊無法膨脹。麵糊會膨脹，是因為裡頭的水分變成水蒸氣後由內朝外撐起（參照 P128）。

一旦水分不足，就只能烤出略扁且偏硬的泡芙殼。

因此建議各位將奶油放置常溫使其不再冰冷，讓水分沸騰時，奶油也開始融化。

依照基本作法（P112～116），
讓材料放至常溫後製作的成品
以冰冷奶油製作的成品

驗證②

Vérification No.2

增加水分會有何變化？

膨起高度迥異，口感也不同

我試著將基本作法（P112～116）中的鮮乳用量增加40g。

水分較多時，麵糊也較稀，因此在擠麵糊的過程中便可發現形狀會稍微拓開。

將拓開的麵糊進爐烘烤，烤出來的（膨脹）高度更是差異甚大。

受到水分較多的影響，烤出來的泡芙殼變得較軟，且會呈現出厚實感。

由於這次是增加鮮乳用量，因此能確實烤出顏色，若是增加水量，結果則接近P126～127的驗證④。

除了加量鮮乳來提高水分外，有些食譜還會使用等量的水與鮮乳（各半）。

依照基本作法（P112～116），
取 160g 鮮乳製作的成品

取 200g 鮮乳製作的成品

驗證③

Vérification No.3

維持相同配方比例，不同種類的麵粉會有何差異？

「法國粉」表現密實，「紫羅蘭」較為輕盈

不同泡芙食譜使用有不同的麵粉種類，對此我也驗證了烤出來的泡芙殼是否會有差異。

麵粉，就像是支撐著麵團的「骨骼」。特別是對泡芙而言，麵糊中的水分會變成水蒸氣，並在烘烤過程中將麵糊撐起定型。這麼說來，猶如骨骼般存在的麵粉差異想必會帶來顯著影響，於是進行了比較確認。

統一以基本作法（P112～116）製作。

「法國粉」的蛋白質含量為12%，屬中高筋麵粉。烤好的泡芙殼口感密實，咀嚼感十足，因此與濃郁的餡醬極為相搭。

「紫羅蘭」的蛋白質含量則為7.8%，屬低筋麵粉。口感酥脆輕盈，烤出爐的泡芙殼周圍上色則稍微較深。

或許各位會認為「糕點就是要用低筋麵粉」，但若能掌握每種麵粉的特性，將可做出不同口感的泡芙殼。

依照基本作法（P112 ~ 116），
使用中高筋麵粉（法國粉）製作的泡芙殼

使用低筋麵粉（紫羅蘭）製作的泡芙殼

驗證④

Vérification No.4

若將鮮乳改成水會有何差異？

烤色變淡，
風味也稍偏輕盈

統一以基本作法（P112～116）製作。

比較照片後可以發現，使用鮮乳才有辦法烤出顏色明顯且帶香氣的泡芙殼。

改用水會讓泡芙殼本身的風味變弱。

若要與這次介紹的濃郁卡士達鮮奶油相搭配，那麼用水做成的泡芙殼確實略嫌輕盈。

在思考了泡芙殼與餡醬的協調性後，決定將基本作法中的麵糊以鮮乳製作。

若餡醬的口感清爽，那就會較適合用水做成的輕盈泡芙殼。

水分種類不同，對麵糊可是會帶來極大影響，各位務必親身比較看看。如此一來才能考量餡醬與泡芙殼的協調性，選出合適的水分種類與配方比例。

依照基本作法（P112～116），
以鮮乳製作的泡芙殼

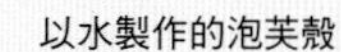
以水製作的泡芙殼

驗證⑤

Vérification No.5

要注意打開烤箱的時間！

一旦烤箱內溫度下降，泡芙殼就會塌餡。

為什麼一般總會強調，在烘烤泡芙時千萬不可打開烤箱？

泡芙殼會膨脹，是因為麵糊中的水分受烤箱內部加熱的影響變成水蒸氣，而這些水蒸氣更將麵糊由內朝外撐起。

在雞蛋與麵粉這些猶如骨骼般存在的材料變硬定型前打開烤箱的話，冷空氣就會進入烤箱，使烤箱內溫度下降，泡芙殼塌餡。

泡芙殼一旦塌餡就無法再次膨脹，因此須等到泡芙出現裂痕且烤出顏色時，才能打開烤箱。

Lesson 08

蘭姆葡萄夾心餅乾

Raisin sandwich

蘭姆葡萄夾心餅乾

Raisin sandwich

法式甜塔皮（Pâte sucrée），搭配上蘭姆酒風味的葡萄乾以及厚厚的濃郁奶油霜。
就是人人都喜愛的蘭姆葡萄夾心餅乾。
這次的配方比例，能做出就算從冰箱拿出來也可享用的硬度。
單吃就很美味，脆餅就算與奶油交疊也不用擔心變軟崩散。
只用蛋白製作奶油霜，以及將葡萄乾先浸糖水再漬蘭姆酒，
都是為了能充分品嚐到發酵奶油的風味。

材料

約 24 片份（可能會剩餘）

◆ 法式甜塔皮

發酵奶油……90g
糖粉（含寡糖）……50g
全蛋……50g
杏仁粉……80g
低筋麵粉（紫羅蘭）……100g
蘭姆酒漬葡萄乾（下述）……適量
奶油霜（P134～135）……適量

◆ 蘭姆酒漬葡萄乾

葡萄乾……75g
水……40g
細砂糖……20g
萊姆酒……30g

用溫水清洗葡萄乾並瀝乾水分。混合水與細砂糖，加熱煮沸後，將葡萄乾浸漬其中（直接將葡萄乾浸入蘭姆酒的話會使味道過重，考量整體風味後，決定先浸漬糖水）。冷卻後，再加入蘭姆酒，並浸漬一晚。

事前準備

將奶油置於常溫變軟。

以濾網過篩糖粉。

杏仁粉及低筋麵粉同樣須分別過篩。

[混合材料]

❶

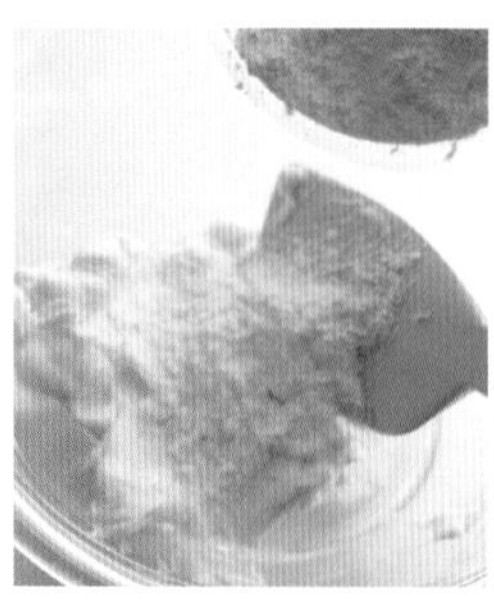

將糖粉分三次倒入裝有奶油的攪拌盆中（分批加入才能避免攪拌時糖粉飛散。注意無須拌入太多空氣），並逐次以刮刀攪拌。

❷

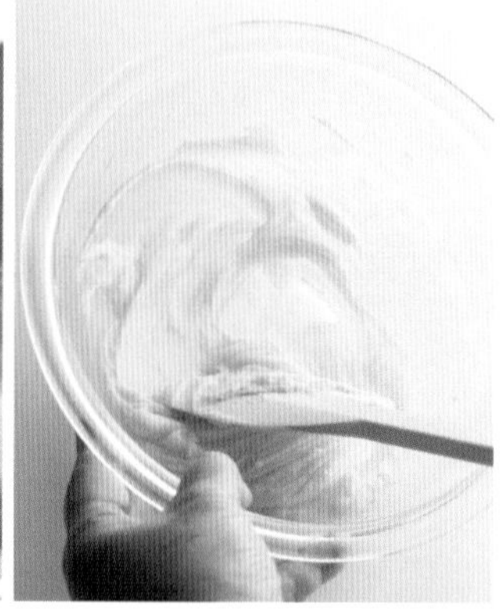

將少量蛋汁倒入❶後，以刮刀縱切的方式，讓雞蛋充分與麵糊融合。若無法充分融合時，則可將攪拌盆斜放，用刮刀畫圓的方式使其乳化充分混合，並重覆此步驟。

point 透過混合作業感受乳化（＝重量）過程相當重要。乳化的麵糊會變重，手感上也會帶有阻力。若想確認乳化與否，則觀察攪拌盆斜放時，麵糊是否會滑落。即便乍看之下已經乳化，但有時靜置片刻便可發現其實已出現分離。

❸

再次過篩杏仁粉，加入❷中攪拌混合。

point 杏仁粉不會出筋（參照P8），因此要先混合。

point 混合時，要不斷刮下刮刀上的麵團，若奶油攪拌不完全就很容易黏著麵團。

4

再次過篩低筋麵粉，加入❸中攪拌混合。

point 邊過篩邊加入麵粉能讓麵粉更容易散開。

[將麵團擀開並靜置]

5

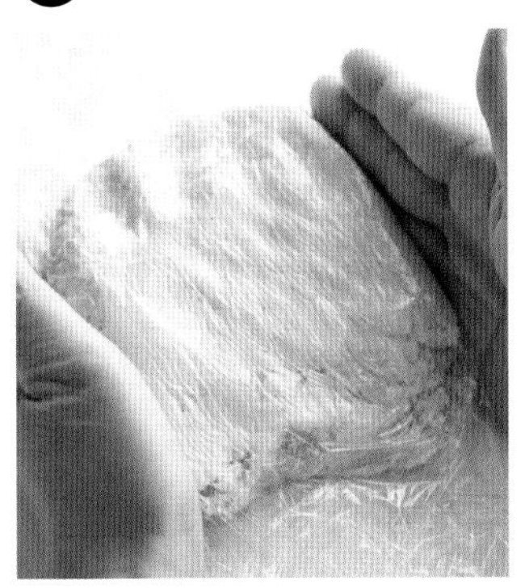

將整塊麵團以保鮮膜包覆並整理形狀。冷藏 30 分鐘，讓麵團變得更好作業。

6

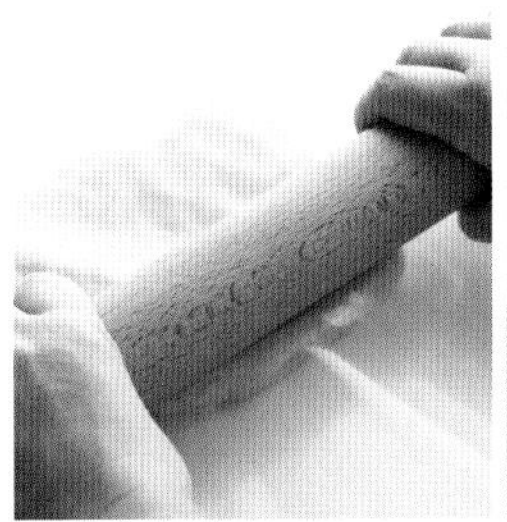
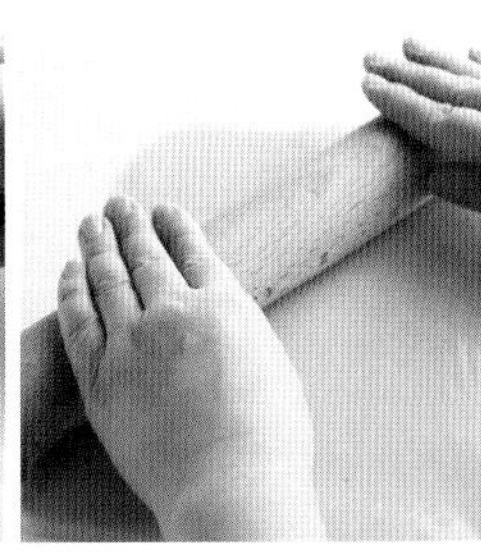

放置於 Guitar Sheet 塑膠片（亦可使用一般較厚的塑膠墊）中央並摺蓋塑膠片，以擀麵棍擀開成 2 ～ 3 ㎜厚度，並放入冰箱冷凍。

point 將塑膠片邊緣反摺的話能讓麵團邊變直，擀出來的麵團會更漂亮。

point Guitar Sheet 是材質較厚的巧克力專用塑膠片，麵團表面較不易產生皺褶，可於烘焙材料行或網路購買。

※ 用保鮮膜確實包裹麵團的話，可保存於冰箱冷凍 1 星期左右，直接從冷凍取出壓模即可。

[壓模]

以模具將冷凍麵團壓出形狀，並立刻擺放至矽膠烤墊（參照 P28）。

point 將麵團放在冰冷烤盤上壓模的話，能維持麵團硬度，讓作業更順利。

point 趁麵團還沒變軟，會比較好從塑膠片上撕下。

[烘烤]

放入 160℃的烤箱烘烤 8 分鐘，烤盤轉 180° 後再烘烤 2 分鐘左右即可放涼。烤到稍微帶有淡淡顏色即可。

奶油霜（義式蛋白霜）

材料

10～12份

◆ 奶油霜

發酵奶油……100g
微粒子精製白糖……45g
水……15g
蛋白……30g

point 只使用蛋白會較容易調整味道及顏色，若加入蛋黃的話，則能呈現出較濃郁的風味（參照P140～141驗證③）。這次為了展現奶油的香味，因此只添加蛋白。

事前準備

將奶油完全放軟。

[製作奶油霜]

❶

將細砂糖與水倒入小鍋子，加熱成糖漿。

將煮沸收乾至117℃的糖漿倒入已稍微打發的蛋白中，並以手持式打蛋器高速打發。倒完所有的糖漿後，再以低～中速充分打發至奶油霜降溫。

point 會將蛋白先打發是為了讓打入的空氣形成緩衝，避免糖漿倒入時出現熱熱變硬的情況。當製作分量較多時，糖漿溫度不易下降，因此先將蛋白打發能避免部分蛋白受熱變熟。打發程度差異對奶油霜成品的影響可參照P138～139的驗證②。

❷

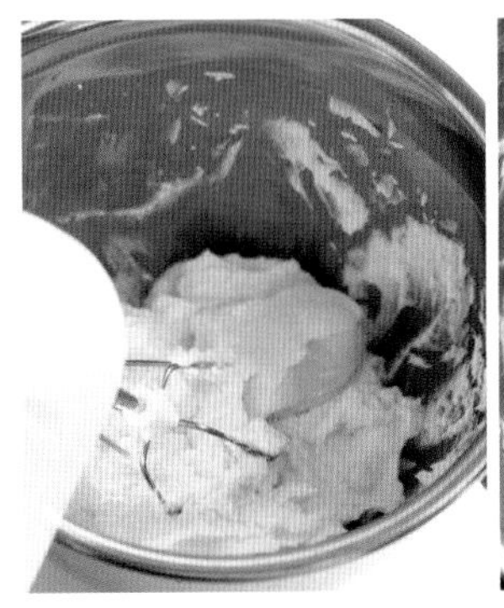

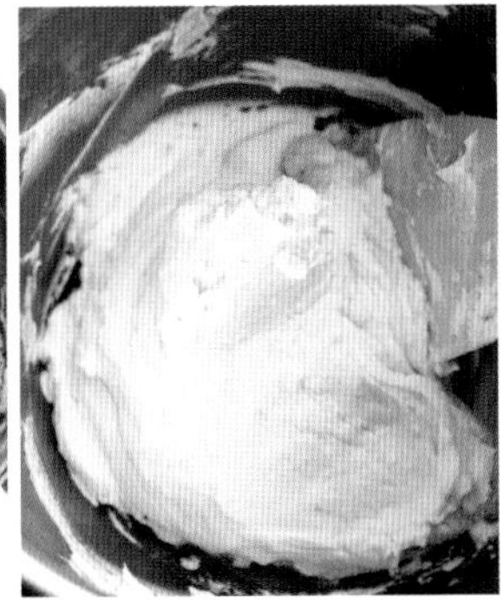

將奶油分 2 ～ 3 次加入❶的蛋白霜中，每次加入後再以低速充分攪拌混合。

point 當發現攪拌時的手感變緊時，就可以再加入蛋白。過程中雖然會感覺變很鬆散，但持續加完蛋白後，乳化的效果會讓蛋白霜變得較硬挺，因此須維持分批加完所有蛋白。

※ 奶油霜存放於冰箱冷藏會變硬且擠不出來，須在 3 ～ 4 天內使用完畢。

[做成夾心餅乾]

❸

將葡萄乾的水分瀝乾。

❹

將奶油霜倒入裝有單邊鋸齒花嘴的擠花袋中，並在每片餅乾上擠 3 排的奶油霜（6 ～ 8g）。

❺

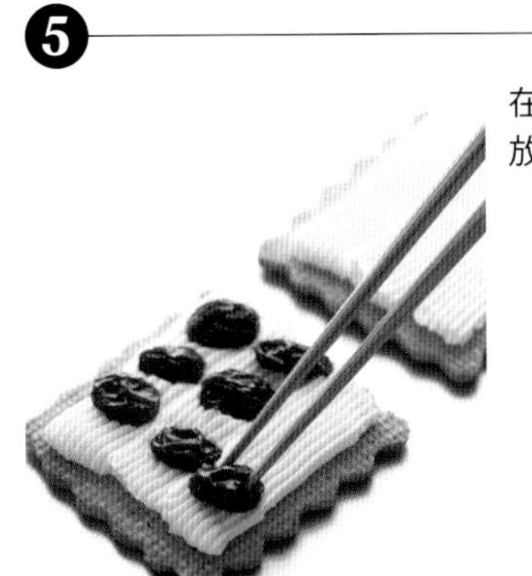

在一半的餅乾上擺放 9 顆葡萄乾。

❻

於❺蓋上只有奶油霜的餅乾，並稍微下壓密合。

※ 擺入密封容器可冷藏存放 4 ～ 5 天。

驗證①

Vérification No.1

製作奶油霜時，
奶油有無打發會產生怎樣的差異？

想要品嚐到
奶油餘韻的豪華奶油霜，
還是既膨鬆又輕柔的風味？

奶油霜的作法也可以分成數種，於是我針對成品的風味及口感差異進行驗證。

除了奶油的處理方法，其餘皆統一以基本作法（P134～135）製作。

製作時未將奶油打發就表示空氣不會混入奶油中，如此一來將能保留強烈的奶油風味。較明顯的特徵在於最後能感受到芳醇的奶油香，因此我會推薦這個作法給喜愛濃郁奶油霜的讀者。

製作時打發奶油的話，除了口感變得膨鬆外，奶油風味更是稍偏輕盈，口中則會殘留甜味，較推薦給喜愛輕柔奶油霜的讀者。

依照基本作法（P134～135），
添加軟化的奶油

添加打發的奶油

於義式蛋白霜添加軟化奶油製成的奶油霜

於義式蛋白霜添加打發奶油製成的奶油霜

驗證②

Vérification No.2

製作奶油霜時，
將糖漿加入完全打發變硬挺的蛋白中
會產生怎樣的差異？

做出來的奶油霜分量會出現差異

研究了義式蛋白霜的作法後發現，倒入糖漿的時間點不盡相同，於是我對此進行了驗證。

除了蛋白的處理方法，其餘皆統一以基本作法（P134～135）製作。

使用稍微打發的蛋白所做成的蛋白霜分量偏少，將蛋白打發至變硬挺後，會使分量增加，做出來的奶油霜感覺也較輕盈。

倒入糖漿時，無論是稍微打發的蛋白，或是打發至硬挺的蛋白，都因為包覆著氣泡的關係，讓高溫糖漿在倒下時避免將蛋白熱熟。打發的程度則必須依照蛋白霜的呈現分量，以及糖漿添加量多寡來做調整。

製作大量奶油霜時，務必確實均勻打發，避免出現單處瞬間熱熟的情況。

由於此食譜中，加入蛋白裡的糖漿量很少，溫度能快速下降，因此只須稍微打發，且不用擔心蛋白熱熟的問題，但若是完全不打發，蛋白就一定會出現熱熟的情況。

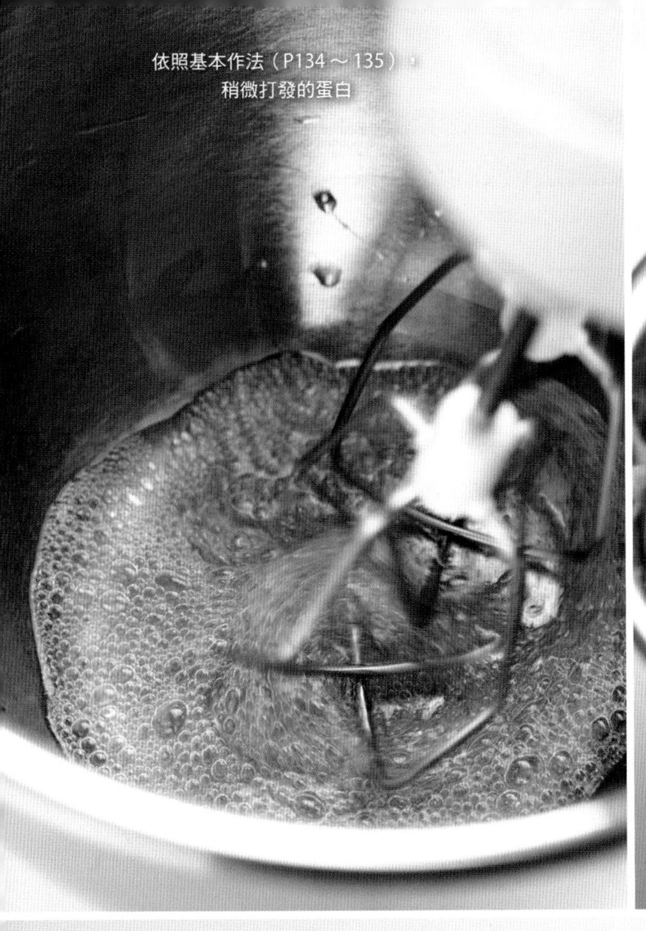

依照基本作法（P134～135）
稍微打發的蛋白

完全打發到變硬挺的蛋白

於稍微打發的蛋白中加入糖漿製成的奶油霜

於完全打發到變硬挺的蛋白
加入糖漿製成的奶油霜

驗證③

Vérification No.3

試著用蛋黃基底製作奶油霜？

會變成濃郁醇厚的奶油霜

奶油霜可分為多許多種類。

奶使用的基底可分為僅取蛋白製成的「義式蛋白霜」，以及用蛋黃製成的「蛋黃霜」等…，於是我對這些奶油霜做了比較。

為了能讓品嚐者享受到更多的奶油香氣，我這次介紹的蘭姆葡萄夾心餅乾搭配的奶油霜口感膨鬆輕盈，使用的是僅以蛋白製成的義式蛋白霜。換個角度來看，這樣的奶油霜其實更能突顯夾餡的味道。

再者，白色的奶油霜也非常適合用來調成其他顏色。
若想要做成口感更醇厚的奶油霜，則建議改用蛋黃。蛋黃製成的奶油霜不僅風味變得強烈，還能品嚐到濃厚且紮實的口感。
若是想製作能充分享受奶油霜的糕點，那我會建議可以用蛋黃霜為基底。

依照基本作法（P134～135），
以蛋白基底（義式蛋白霜）製成的奶油霜

以蛋黃基底（蛋黃霜）製成的奶油霜

Lesson 09

咖啡達克瓦茲

Dacquoise au café

咖啡達克瓦茲

Dacquoise au café

日籍主廚把以蛋白製成，原本只是做為甜點基底用的糕餅，
加入奶油內餡，變成了達克瓦茲。
表面的酥脆，搭配上中間膨鬆的柔順口感，
同時還能享受到杏仁充滿香氣的風味。
其中，最關鍵的步驟當然就是打發蛋白，在製作時務必注意重點。
要用來製成奶油霜的蛋黃霜作法，則是我認為較符合家庭烹飪的獨創方法。

材料

達克瓦茲餅模型 約 12 組

◆ 達克瓦茲餅

蛋白……120g
檸檬汁……2g
微粒子精製白糖……50g
杏仁粉……90g
（取 95g 烘烤，冷卻後，取 90g 使用）
低筋麵粉（dolce）……25g
糖粉（含寡糖）……40g

point 利用檸檬的酸來調整 pH 值。蛋白屬於鹼性，加入酸性的檸檬汁使酸鹼值接近中性後，能讓打發的蛋白更漂亮。

◆ 裝飾達克瓦茲餅用

糖粉（含寡糖）……適量

事前準備

將杏仁粉放入 150℃的烤箱中烘烤約 5 分鐘後，靜置放冷。

point 先烘烤過將能讓香氣表現更加強烈，因此想特別強調香氣時，可烘烤過再使用，無須特別強調香氣的糕點則可直接添加使用。

混合杏仁粉、低筋麵粉、糖粉並過篩備用。

[打發材料]

❶

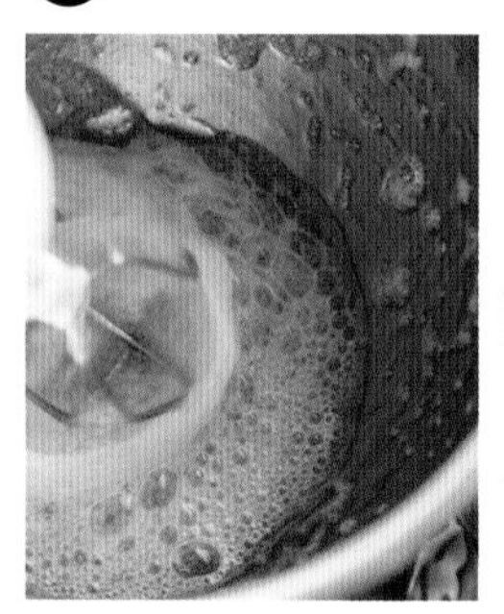

將檸檬汁倒入裝有蛋白的攪拌盆，將攪拌盆放入冰水裡，以手持式打蛋器高速攪打 20 秒。

point 使用新鮮且冰冷的蛋白（參照 P150 ~ 151 驗證①、P152 ~ 153 驗證②）。

❷

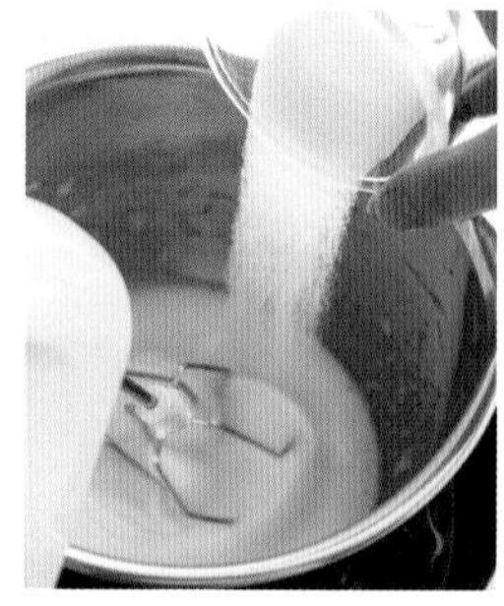

當整體呈現泡沫狀時，加入 1/3 的砂糖，並以中速攪打 30 秒。接著再加入 1/3 的砂糖，以低速攪打 30 秒左右。

❸

加入剩餘的砂糖，以低速慢慢打發。

❹

將事先混合好的粉料再次過篩入❸的攪拌盆中，以橡皮刮刀從盆底撈起的方式，充分攪拌混合。

point 不可攪拌過度或攪拌不足。

[擠麵糊入模型]

5

把麵糊倒入裝有約 12 mm圓形花嘴的擠花袋中，並擠入放在重複用烘焙紙上的模型裡。用抹刀整平模型表面。

[拿起模型]

用沾水的竹籤刮繞模型一圈，並輕輕地拿起模型（建議隨時用紙巾將竹籤擦拭乾淨）。

[烘烤]

7

在表面輕撒裝飾用糖粉，待糖粉融化後再撒一次。

放入 160℃的烤箱烘烤 10 分鐘，烤盤轉 180° 並調整上下位置後再烘烤 3 分鐘左右。待降溫後，從烘焙紙上拿起並放涼。

法式奶油餡（奶油霜）

材料　容易製作的分量

◆ **奶油霜**
發酵奶油……150g
蛋黃……30g
水……25g
微粒子精製白糖……70g
Trablit 濃縮咖啡精華……8g
（亦可改以同量的熱水溶解即溶咖啡）
摩卡香甜酒（咖啡利口酒）……5g

事前準備

將奶油置於常溫放軟

[混合材料]

❶

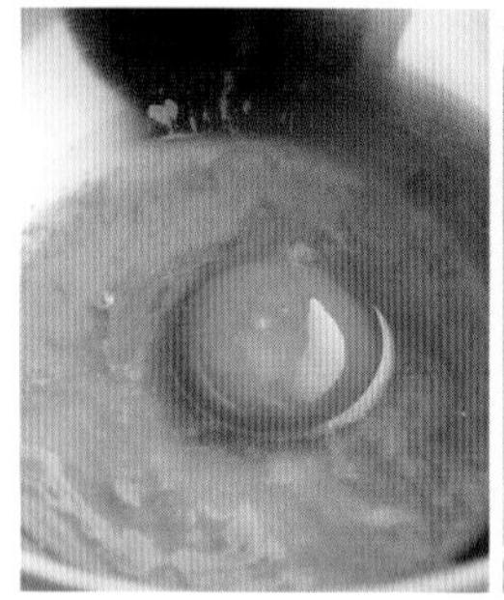

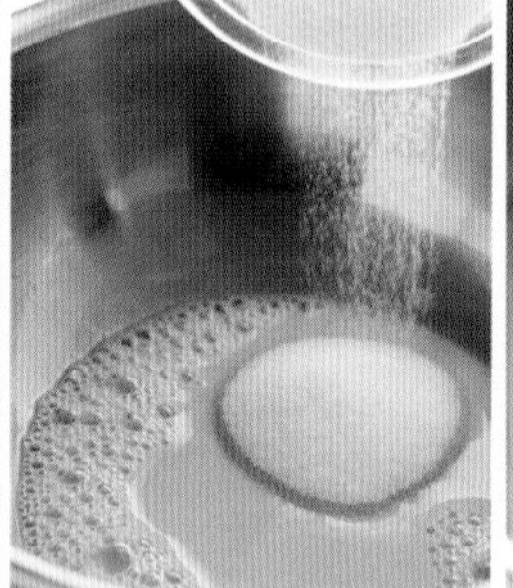

將蛋黃放入攪拌盆中打散，加水後，以橡皮刮刀混合，接著加入砂糖混合。

point　這是我獨創能避免蛋黃結塊的順序法。若使用熱糖漿雖然會較好作業，但一般家庭並不會隨時都有糖漿。因此先將蛋黃與水分混合，接著加入砂糖時就不會形成蛋黃結塊。

[隔水加熱]

❷

將❶的攪拌盆放入熱水中，使溫度上升至83℃。

point　用橡皮刮刀不斷攪拌雖然也能使溫度上升，但攪拌過度卻也會導致水分消失。

point　83℃大約是能將雞蛋殺菌的溫度，但由於材料分量較少，因此隔水加熱後會開始變濃稠，各位亦可以目測方式，確認能否刮開蛋黃看見盆底來判斷溫度。

[打發]

❸

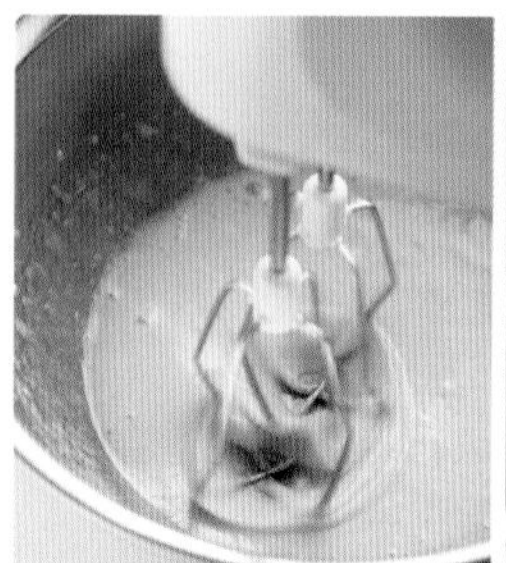

從熱水中拿起後，立刻充分打發雞蛋直到降溫。

[乳化]

❹

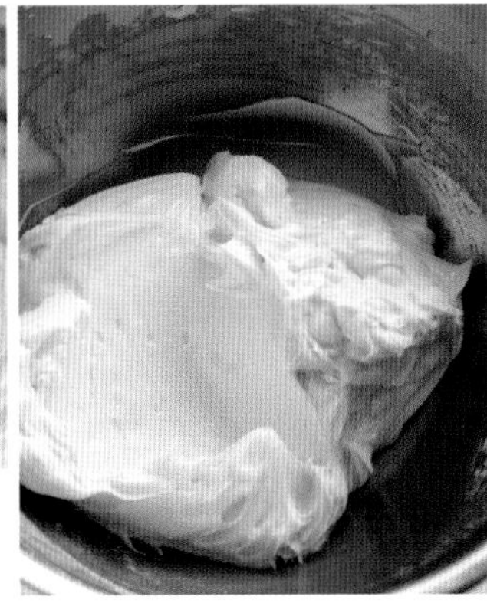

降溫後，分 2 ～ 3 次加入奶油，並在每次添加後攪打使其乳化。

point 攪打時，奶油能與蛋黃輕易結合（參照P11）。切記要先將奶油放軟。

[咖啡調味]

❺

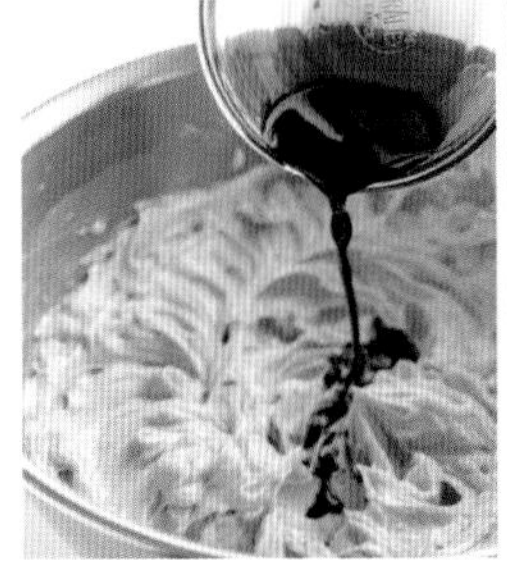
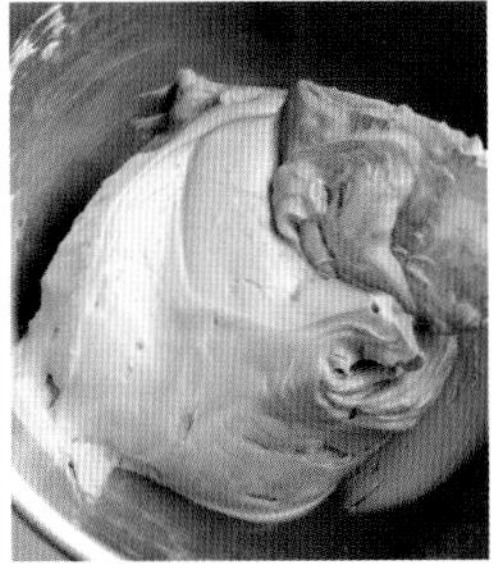

混合濃縮咖啡精華及摩卡香甜酒，逐次少量加入❹並攪拌。

[做成夾心餅乾]

❻

將奶油霜倒入裝有圓形花嘴的擠花袋，並擠在一半的達克瓦茲餅上，邊緣須留5㎜左右的間隙。

❼

蓋上沒有擠奶油霜的達克瓦茲餅，稍微下壓密合。放入密封容器並置於陰涼處可存放3～4天。存放冰箱時，可於品嚐前先從冷藏拿出回溫。

※ 烘烤後的餅乾容易變乾，因此填入夾心後，務必在 3 ～ 4 天內食用完畢。

※ 只將奶油霜存放冰箱冷藏的話容易變硬且無法擠出，但也不建議常溫保存。冷藏的奶油霜務必在 2～3 天內使用完畢。

驗證①

Vérification No.1

使用雞蛋敲開後立刻取出的蛋白，以及放置些許時間後的蛋白會產生怎樣的差異？

打發的速度及氣泡強度不同！

有說法認為部分糕點使用放置些許時間的蛋白會比較好，於是我實際做了驗證。

我使用的是敲開後放置兩星期的蛋白。

作法統一如下。

❶ 取 70g 蛋白與 30g 砂糖。
❷ 以手持式打蛋器高速攪打 20 秒。
❸ 加入砂糖。
❹ 以手持式打蛋器中速攪打 30 秒。
❺ 加入砂糖。
❻ 以手持式打蛋器低速攪打 30 秒。
❼ 加入砂糖。
❽ 以手持式打蛋器低速攪打 1 分鐘 40 秒。

蛋白又可分為「濃蛋白」與「稀蛋白」，雞蛋在新鮮狀態時，濃蛋白與稀蛋白的比例幾乎相同，隨著時間經過，稀蛋白的比例會愈來愈高。

剛敲開的蛋白黏度高，就算用篩網也不容易過篩。但放置些許時間的蛋白黏度降低，變得能滑順地流下。濃蛋白含量高的新鮮雞蛋較不容易打發，但形成的氣泡卻相對穩定。要製作綿密且穩定的蛋白霜時，建議各位使用新鮮雞蛋。

雞蛋經放置後，增加的稀蛋白表面張力會變弱，且變得容易包覆空氣，雖然這樣較容易打發，但整體缺乏堅定架構，因此穩定性表現相對遜色。

針對打發蛋白這個動作其實有非常多的思考方式，各位不妨透過驗證，來找出哪種條件最適合自己製作糕點的目的及情況。

剛敲開取出的蛋白
（70g 的蛋白濾篩了 17g）

敲開後，放置兩星期的蛋白
（70g 的蛋白濾篩了 30g）

依照基本作法（P146），
使用敲開後立刻取出的蛋白製成的蛋白霜

使用敲開後放置些許時間的蛋白製成的蛋白霜

驗證②

Vérification No.2

使用冰冷蛋白與半解凍蛋白
會產生怎樣的差異？

氣泡強度有差異，
因此在與粉料混合時須特別注意

剩餘的蛋白可冷凍保存，但解凍後的蛋白與剛敲開的蛋白狀態是否會完全一樣？心中的這個疑問讓我進行了下述驗證。

配方比例與基本作法（P145）一致。加入粉料後，則統一以橡皮刮刀攪拌 30 次。

冰冷蛋白的表面張力較強，因此打發需要的時間較長，但打出來的氣泡相對紮實堅固。由於氣泡較堅固，與粉料混合時就必須充分攪拌。

半解凍蛋白的表面張力較弱，因此能迅速打發，但氣泡的穩定性相對較低。由於氣泡強度弱，與粉料混合時就必須注意不可過度攪拌。一旦攪拌過了頭就會使體積縮小，感覺就像整個糾結在一起。遇到這樣的情況時，可以添加乾燥蛋白粉，提高蛋白的穩定性。

放入相同容量的容器中，會發現兩者間的比重有著明顯差異。使用冰冷蛋白時，當中包覆著空氣，因此體積較大，填入相同容器中的分量有限。以相同的攪拌次數與粉料混合後，同時拌入了大量空氣，因此成品的口感膨鬆。

半解凍蛋白以相同的攪拌次數與粉料混合後，卻因拌入的空氣量較少，觀察膨脹程度也幾乎沒什麼變化，可判斷兩者的密度出現差異。

若想做出像達克瓦茲這般膨鬆的餅乾，冰冷蛋白製成的蛋白霜會較合適，但像是氣泡強度過強就容易破裂的馬卡龍，以及氣泡太紮實容易在內部形成空洞的法式巧克力蛋糕（Gateau Chocolat）反而較不適合結構太堅固的氣泡。

除此之外，以冰冷蛋白製成的成品會隨著裡頭的空氣飄出杏仁香氣。

依照基本作法（P146），
以冰冷蛋白製成的麵糊

半解凍蛋白製成的麵糊

填裝入 130ml 的容器時，麵糊重量為 50g

填裝入 130ml 的容器時，麵糊重量為 61g

驗證③

Vérification No.3

試著改變加入蛋白的砂糖量

砂糖用量取決於想要做出怎樣的蛋白霜

製作蛋白霜時，加入蛋白中的砂糖量及何時添加有很多種說法。
於是我針對砂糖能維持蛋白打發狀態的這項特性，以及會阻礙打發狀態的部分進行驗證（參照 P9）。

比較驗證中，我在 60g 的蛋白裡分別加入了 10g、30g、60g 的細砂糖。添加的時間點則統一為打發蛋白前。

砂糖對蛋白存在著兩種特性，分別是提高黏度，增加打發難度的作用，以及讓氣泡更加穩定的作用。

60g 的蛋白只添加 10g 細砂糖時，雖然能立刻打發，但蛋白霜的狀態卻不夠穩定。砂糖添加量較少時，在打發過程中並不會帶來阻礙，因此可在開始攪打的同時加入。

60g 蛋白中添加等量細砂糖的條件下，若一開始就加入砂糖，會出現完全無法打發蛋白的情況，因此若砂糖添加量較多時，須待稍微打發後，再分數次加入。這時打出來的蛋白霜緊實、黏稠，相當適合用來製作蛋白糖（馬林糖）。

若 60g 的蛋白加入分量減半的 30g 砂糖，那麼不僅容易打發，又能製作出穩定的蛋白霜。若砂糖的用量為一半時，則可依照基本作法（參照 P146），待打發蛋白後再加入。

添加 10g 細砂糖的蛋白霜

添加 30g 細砂糖的蛋白霜

添加 60g 細砂糖的蛋白霜

驗證④

Vérification No.4

維持相同配方比例，
不同種類的麵粉會有何差異？

雖然變化不大，
但口感表現上確實有落差

日本的麵粉種類比國外產品更為多元，各家業者推出許多極具特色的麵粉產品。根據材料行提供各款產品的蛋白質含量資訊，我進行了烘焙成品的差異驗證。

統一以基本作法（P144～147）製作。

麵粉，就像是支撐著麵團的「骨骼」。這股支撐力取決於麵粉中的蛋白質含量與質地（參照 P8）。

「dolce」的蛋白質含量為 9%，屬低筋麵粉。與「法國粉」製作的成品相比，讓人留下放置後會較輕盈的印象。咀嚼後的風味殘留方式令人稍感強烈。

「法國粉」的蛋白質含量為 12%，屬中高筋麵粉。烘烤後的成品經放置後，會強化糕點本身具備的風味，因此非常適合與濃郁的奶油霜搭配。

達克瓦茲使用的麵粉量較少，因此差異較不明顯，但其他糕點也有驗證麵粉種類的差異表現，敬請各位參考相關內容（P24～25、44～45、56～57、92～93、104～105、124～125）。

依照基本作法（P144～147），
以低筋麵粉（dolce）製作的成品

以中高筋麵粉（法國粉）製作的成品

結尾 epilogue

厚燒奶油酥餅

費南雪

奶油蛋糕（磅蛋糕）

全蛋海綿蛋糕（草莓蛋糕）

法式塔皮（焦糖堅果塔）

派（法式蛋塔）

泡芙

蘭姆葡萄夾心餅乾

咖啡達克瓦茲

各位對以上介紹的 9 種糕點，以及針對每款糕點的細微驗證有什麼心得感想呢？

為了能讓各位看出驗證中產生的差異，書中也盡量刊載細節照片。
除了有許多照片就能看出的不同外，還有必須品嚐過後才能體會到的差異，
因此希望各位也能實際驗證看看。

最後有個一定要傳達給各位的重要觀念。
那就是「驗證與理論的存在，都是為了製作出美味的糕點」。

我在製作糕點時，一心總是想著品嚐者。
確實地進行準備，依照繁瑣的步驟，用心仔細做出來的糕點，
最後才能看見品嚐者欣喜的表情。
我認為這也是在家製作糕點才具備的優勢。

共同擁有「這糕點剛出爐時原來這麼美味！」的感動，
並親眼看見品嚐者享受美味時的表情。

這也是將自己做的糕點分享給身邊之人才有辦法體會到的。
希望各位能特別珍惜這樣的體會。
對我而言，人們在吃了我做的糕點後表示「非常好吃！」，
就是最大的喜悅。

與店家不同，在家製作糕點能選擇自己喜愛的素材。
譬如心頭一橫，偶爾使用一下昂貴奶油⋯。
我認為，了解各式各樣的素材並從中挑選更是在家製作糕點的一大優勢。
掌握各種素材的味道後做出選擇是非常重要的。

用既簡單又輕鬆的方法也能製作出糕點。
但若因此便感到滿足，
我認為就很難朝更加美味的糕點邁進。
各位必須品嚐許多種類的糕點、掌握素材味道及特徵，
並親自試做看看，才能讓自己做出的糕點路線更多元。

書中介紹的食譜都是我經過不斷鑽研思索後，
能在家中完成的最美味糕點。
但說實在的我也還在學習之路上，每天持續摸索，試著做出更美味的東西。

也期待各位不畏懼失敗，按照自己的步調享受製菓樂趣。

竹田薰

PROFILE

竹田薰 Kaoru Takeda

西式糕點研究家、製菓衛生師。自幼開始製作糕點，更在日本國內外各種糕點教室及糕餅店學習相關知識。

目前於家中開設料理家及專業職人也會參加的西式糕點教室。

除了教授講究的食譜及自創方法外，更會從中探討「失敗的原因」、「為何選用此材料」等理論，其明確的上課方式廣受好評，並活躍於媒體界與活動場合。

- 部落格　http://kaoru-sweets.blog.jp/
- Instagram帳號　kaoru_sweets
- Instagram網址　https://www.instagram.com/kaoru_sweets/

【材料協力】

TOMIZ（富澤商店）
ホームページ・オンラインショップ
https://tomiz.com/

株式会社ラ・フルティエール・ジャポン
ホームページ
http://www.lfj.co.jp

中沢乳業株式会社
ホームページ
www.nakazawa.co.jp

【参考文献】

『新版 お菓子「こつ」の科学』（河田昌子著、柴田書店）

TITLE

狂熱糕點師的洋菓子研究室

STAFF

出版	瑞昇文化事業股份有限公司
作者	竹田薰
譯者	蔡婷朱
總編輯	郭湘齡
文字編輯	徐承義　蔣詩綺　李冠緯
美術編輯	孫慧琪
排版	曾兆珩
製版	明宏彩色照相製版股份有限公司
印刷	桂林彩色印刷股份有限公司
法律顧問	經兆國際法律事務所　黃沛聲律師
戶名	瑞昇文化事業股份有限公司
劃撥帳號	19598343
地址	新北市中和區景平路464巷2弄1-4號
電話	(02)2945-3191
傳真	(02)2945-3190
網址	www.rising-books.com.tw
Mail	deepblue@rising-books.com.tw
本版日期	2019年3月
定價	480元

ORIGINAL JAPANESE EDITION STAFF

撮影	福原 毅 以下のページを除く P80／さくらいしょうこ、P110／竹田薫
デザイン	大薮胤美、宮代佑子（株式会社フレーズ）
企画・編集	佐藤麻美
調理アシスタント	近藤久美子、さくらいしょうこ、大石亜子

國家圖書館出版品預行編目資料

狂熱糕點師的洋菓子研究室 / 竹田薰著
; 蔡婷朱譯. -- 初版. -- 新北市 : 瑞昇文化, 2019.02
160面 ; 18.2 x 24.5公分
譯自 : たけだかおる洋菓子研究室のマニアックレッスン
ISBN 978-986-401-310-4(平裝)
1.點心食譜
427.16　　108001340